アインシュタインに花束を

マルオ マサミ

風詠社

＊本書は、筆者が発行する「自然ワンダー通信」（２０２０年１月号〜２０２４年２月号）に発表した内容を再編集し、まとめたものです。なお、文中にある偉人たちの言葉は『アインシュタイン１５０の言葉』（ディスカヴァー・トゥエンティワン）をはじめ、いくつかの書籍などを参考にして、著者が独自に解釈し要約した内容となっています。また、原稿を執筆した当時に新聞やテレビ、ネットなどから得た情報を紹介している部分がありますが、思い違いや記憶間違いなども考えられます。正しい内容をご存知の方は情報をお寄せください。

目次

2020年1月――

家族や年齢にこだわる日本人、「長生き」賛美より「孤独死」に注目を

葬式や結婚式の看板に、「家」という字が踊る日本社会。そして看板の下に孤独死。12月に厚労省は2019年の人口動態を発表。減り続ける出生数が、過去最少の86万人になった。これで1日平均の出生が2300人、一方で1日の死者は3800人（新聞は不公正にも、2～3人しか死亡を知らせない）。

最近は年寄りがあふれる世間。「死」について情報が飛び交う。「どう死ぬか」、「葬式や墓はどうするか」、「死んだあとの始末は」。宗教法人から葬儀屋、銀行から証券会社、介護施設から医療機関まで、死をめぐって銭の亡者たちの大活躍だ。静かに世を去る方法を、ネコやカラスに聞いてみたい。ノボロギクやヘクソカズラに学びたい。

しかし、その前に、私たちには思案することがある。

「敬老」というのは正当な言葉だろうか。若くして死を免れない者は少なくない。

病気や災害や犠牲などの死。活動、革命、奉仕などの死。「敬老という長生き賛美」は生命維持を脅かされる者、虐げられる者、貧しい者に対する不遜で傲慢な侮蔑の言葉だろう。ヒトの自死を除き、自然の生命はみずから選択する権限と能力を持たない。たまたま生き永らえる者に、称賛はいらない。

科学者は、三たび人間を墜した

小さじ1杯（1gほど）の土の中に、100万種の細菌が10億個いる。そしてこの微生物たちが、地球上の生命の主人公だと分かってきた。昨日まで私たち人間様が、サピエンスの名の通り、生物の王者であると信じていたのに。

これまでに人間は、「三たびおとされた」とフロイトは言う。最初はコペルニクスによる地動説。世界の中心に位置する人間の地球が、太陽に従って回る惑星にすぎない。今ではその太陽系でさえ、宇宙の片隅にある銀河の1つだと分かった。2度目はダーウィンの進化論。神に選ばれ世界を支配する存在としての人間が、アメーバーやサルから進化した生物の1種にすぎないという。3度目はフロイトによる無意識の発見。「自分」とはほとんどが妄想で、意識できない心に支配されながら生きている。「サピエンス＝賢い者」という認識が間違っていたのだ。

【植物観察】歴史の匂い漂う難波宮跡公園へ

2月──新しい孤島、死の溶岩に生命が始まる

狭き門より入れ。滅びにいたる門は大きく、道は広く、入る者は多い。
生命にいたる門は狭く、道は細く、見つける者は少ない。
（マタイによる福音書）

踊り出すようにはびこるハコベやヒメオドリコソウ。彼らは1年と経たず、花咲き

種を実り死んでいく。ヒトと同じように、進化の上で遅れてきた連中だ。その短い人生こそが「命の躍動」と言えるのだろう。

生命はどのように始まり、広がっていくのか。それを実際に見たいというのは、生物に興味を持つ者の切なる願い。そのための絶好の舞台が、大海のただ中に誕生する島——ごく最近、小笠原の絶海の火山孤島・西之島が噴火し、旧島を飲み込んで大きな島が誕生した。さて新しい生命は、人間の影響なく、どのように発生し繁殖していくのか。環境がどのように変わっていくのか。溶岩で作られた島の自然の変化が、絶好の舞台となっている。鳥や昆虫や土壌の、そして植物の研究者が血眼になっている。

残り100秒、あなたは人類を救えますか？

1947年、核兵器の開発競争が始まった。「原子力科学者会議」が人類の絶滅を予想する「世界終末時計」を創設、絶滅7分前とした。それ以後、毎年その時限が告示されている。今年は、これまでで最短の100秒前と。

20世紀に入って、良心的な科学者たちからは、ずっと警告が発せられている。「人類は近いうちに滅びる。核か、微生物か、によって」と。

核爆弾、それは強者が弱者を屈服させる手段だった。ところが今や、弱者が我が身を守る唯一の手段となった。小型化され、世界中に広がっていく。強者が脅しに使うものではなく、弱者が追い詰められて使うものになっている。

ヒトは自然を引っ掻き回し、ウイルスの落ち着き先である「宿主」を混乱させている。黄熱病に取り組み亡くなった野口英世は、まだウイルスという存在を知らなかった。ウイルスの研究は始まったばかり。宿主が分からないとワクチンを作れない。微生物との付き合いは、まだこれからだ。

【植物観察】歴史の匂い漂う難波宮跡、いい国へ

3月――

「春告げ鳥」はウグイス、それともヒバリ？

木は人間の兄弟姉妹で、動きません。木の言葉では、人殺しを木こりといい、死体を運ぶ人を炭焼き、蚤をキツツキといいます。（ジャン・ジロドウ）

季節を伝える「春告げ鳥」はウグイス。けれども、昔からもう一種、春告げ鳥がいる――ヒバリだ。人間誰もが野良仕事にいそしむ時代には、畑や草原に住むヒバリの方がなじみ深かった。人口が増え開発が進んで、ヒバリのお宿は消えた。

今や食べ物は作るものではなく、巨大企業から買わせていただく。しかも、それらは近くにはない。日本人の食糧の70％以上を、はるかな異国からの輸入に頼る。生きる基本である食物を自分で調達できず、与えられて飼われる成人動物を「家畜」と名付ける。

スーパーやコンビニに並んだ輸入食品が、どのようにして作られてどんな内容か、庶民には知りようもない。これは貧しさの骨頂と言えないか。カンヌ国際映画祭で最高のパルムドールを獲得した韓国の『パラサイト』の半地下生活。昨年の日本の『万引き家族』に続いて、貧困が映画界を席巻している。

生物か無生物かも分からないコロナウイルス

今、パラサイトと言えば、新型の「コロナウイルス」。これまで人間を苦しめたMERSもSARSもコロナウイルス。彼らの流行は、よく分からないうちに終わってしまった。彼らが日常平穏に共生（無生物なら共生ではない）している宿主が不明であると、人間にはワクチンの作りようがない。奇妙なことに、掃除機を持って身辺を清潔にしまくっているのは、ヒトという動物だけである。

「ナノ」というウイルスの「小ささ」を、私たちは理解できない。宇宙の「大きさ」を理解できないように。ヘビではないかと言われた新型コロナウイルスの宿主は、コウモリだろうとの説が有力。夕方になると小さなムシを求めて、水辺を敏捷に飛び交うコウモリ。バットマンなどと名付けて人間は親しんでいたが、今は疎遠な存在。しかし、トリではなくヒトと同じ仲間の哺乳類。しかもごく身近で、梁などにぶら下がっている変てこな姿を、見かけたことがありませんか——。

【植物観察】作られたソメイヨシノを作ったエドヒガンに焦がれて

4月——

ウイルスと人間、どちらが悪いの？

人生は苦痛であり、恐怖です。だから人間は不幸です。だが、人間は人生を愛しています。それは苦痛と恐怖を愛するからです。（ドストエフスキー）

人類文明の中心であるヨーロッパとアメリカで、コロナウイルスは猛威をふるっている。イタリアのミラノ、フランスのパリ、アメリカのニューヨーク、人間が群がり集う繁栄の場所こそ、疫病が起こり拡がるところ。微生物学と言うまでもなく、よく知られた常識のレベルだ。ところが社会的には、「繁華」こそ人間を惹きつけて止まない。そこには堕落と腐敗をもたらす麻薬と賭博が同居する。日本はパチンコをはじめとした世界有数の賭博大国。この先も政治の肝いりで、いよいよ盛んになるらしい。人間というあとから来た動物は、70億を超える巨大な群。しかも先住者である微生物たちの住処を引っ掻き回す。微生物を含め、生物はすべてニッチという住み分けをしながら生きている。それを乱す者は、攻撃の標的となる運命だ。

「緊急事態」は民主主義を蹴散らして

3・11の大災害や、今回の疾病パンデミックといった世の中が大変な状況に置かれるとき。社会の根幹である「民主主義」という大切な制度や考えは、捨てられてしまう。日常生活でも、警察や消防などの組織や機関には、民主主義などありはしないが——。会長や社長、指導者やリーダーがいなければ、日々が暮らせない生物に、私たちは落ちぶれているのだ。

今、アルベール・カミュの小説『ペスト』がすごく読まれている。14世紀に黒死病として恐れられ、ヨーロッパの人口の3分の1が亡くなった伝染病が主題。「ペスト」は菌であり、コロナはウイルス」と違っても、見えない微生物への恐怖と混迷は同じだ。いやウイルスは、微生物とも言えない、人類の理解の外にある物質なのだ。マスコミは日頃「自然を大切に」とか「環境を守れ」とか唱えるが、一方で「コロナと闘え」という無意味なセリフを撒き散らす。これが「2枚の舌」です。

【植物観察】潮風にさらされて生きる海浜植物たち

5月——

無生物（？）のウイルスと闘う、人間という生物

海、それは自分の心を、
ありのままに映し出す鏡です。（ハーマン・メルヴィル）

未だに、いよいよ、人がかかる難病は多い。SARS、MERS、今回の新型とすべてコロナウイルスによる病気と言われる。イタリアの理論物理学者であり作家のパオロ・ジョルダーノが『コロナの時代の僕ら』を緊急出版した。アメリカのトランプはじめ犯人探しに忙しい人間がいるが、パオロは「この災禍は僕たち人類のせい」だという。コロナウイルスは「ヒトの環境破壊が生んだ難民だ」という。このコロナの世界的な感染状況を見れば、「国とか国境とかは意味がない」と気付くはずだ。「さてこの恐慌が終わったとき、僕たちが戻るのは以前と同じ社会でよいのだろうか」とも。

筋ジストロフィーも難病の１つ。出生前診断は道徳的にとやかく言われても、母親

の9割以上が望む。子育ての苦労を考えれば、当然の選択であり、社会的なサポートも必須だ。やがて病気への対策は、遺伝子工学で遺伝子を変えることにつながっていく。健康を取り戻す治療と、美しい身体を獲得する施術とに、隔たりはない。感染症を招き寄せる人間は、一方では限りなく「優れた身体と不死へ向かって」進むだろう。

殺人業＝武士の魂を育てるサクラ

コロナ恐慌のうちに、咲いて散ったサクラ。株元をあまり踏まれず、ライトにも照らされず、今年は過ごしやすい春だったと、喜んでいるとか。

サクラの自然野生種は10種ばかり。しかしソメイヨシノやカワヅザクラなど、人間が手を加えたものは300種にもなる。日本人が祭りや酒宴のネタにするサクラは日本の固有種ではなく、東南アジアから中国大陸に、広く分布する。

もともと、それほど持て囃された花でもない。万葉集で最も詠われた花はハギの138首、そしてウメ118首、マツ81首。ウメがもっぱら薬用として中国から伝来したものと考えると、日本人の美意識は、元来どこにあったのだろう。
武士から軍人へと続く日本の歴史を見ると、殺戮合戦のために、サクラの「いさぎよい散りざま」を、権力者が意識的に賛美したとは、考えられませんか——。

【植物観察】池を彩るキショウブの群に惹かれ

6月——
コロナパンデミックから学ぶ、人間とは

消えろ、消えろ、束の間の灯火。
人生は歩いている影にすぎない。(ウイリアム・シェークスピア)

コロナパンデミックは、多くのことを学ばせてくれる。政治家は独裁者になり、人々はその独裁者に頼った。ウイルスとともにデマも飛び交い、だまし商売が横行。

人々は買い占めに奔走し、自分で考えず知り合いの意見に従った。家庭内の暴力沙汰が増え、患者を見つけて差別。病人や老人、子ども、非正規の生活困窮者はとことん追い詰められ……。

ウイルスとの付き合いは、まだこれから。いにしえからの地球の主を、まず科学的に理解することからだ。相手を知らずに、「闘う」とか「やっつける」なんて言わないことだ。自分が生きることを、政治家や専門家や、友達や家族に任せず、みずからの判断で行動することが大切だと思うが、いかが。

生き急ぐヒトという動物は、ギリシャ・ローマの昔から、自然を壊してここまで来てしまった。日頃の植物という生命体の観察が、少しは役に立ってほしい。

【植物観察】服部緑地公園の緑陰を縫って

「答え」は終点ではない、次の「疑問」へ

勉強とは学校で答えを教わるもの？　とんでもない間違い。日々生きることそのものが勉強だ。それは疑問を抱くことから始まる。答えが見つかると、そこからまた疑問が。これで終わりという答えは、存在しない。科学とは、「分からない」ということを分かるために、続ける作業なのだろう。科学によって作られる常識は今、すごい早さで変わり、人間にも変化を求めている。

私たちは花が好きで、花を咲かせる植物が好きで、毎月のように出かけては疑問を見つける。なぜ植物は花を咲かせるの？　植物はみな花が咲くの？　なぜ虫に交配してもらうの？　なぜ虫がいることが分かるの？　虫はどこでもいるの？　虫がいないと花は咲かないの？　なぜ私たちは花が好きなの？　なぜ花は美しいの？　虫は花を美しいと思うの？　醜い花はないの？　なぜ醜いとか美しいと思うの？　虫は同じ種の花に訪れるの？　花が咲かないときが来るの？　そのとき私たちはいるの？　と。

【植物観察】レストラン屋上、白い花をたくさんつけた大木＝メラレウカ（フトモモ科コバノブラシノキ属）。園芸ではスノーインサマーとも。昼時の丘の上、花がすんだキショウブ横の徒長枝＝マルバヤナギ（ヤナギ科）。本葉の下に、比較的大きな托葉をつける

7月――
花びらのない花々が　咲き乱れて

生を愛するがゆえに　死を恐れる思想は　欺瞞であり、
　生の苦痛を征服し　自殺する勇気を持った新しい人間こそ、
　　みずから神となるのだ。（ドストエフスキー）

この季節、「ハンゲショウが咲き乱れて――」と言ったら、「乱れるには花びらがいるよ」とチェックが入った。かつて畑をにぎわしたハンゲは、カラスビシャクのこと。サトイモ科で地味な姿だが、薬効ある球茎が厳しい労働に追われる農家の嫁の、大事

なヘソクリになった。一方でハンゲ（半夏生）は季節の言葉でもあるから、ややこしい。今、水辺で「咲き乱れている」のはドクダミの仲間。

ハンゲショウのように花びらのないのに、花びら以上ににぎやかな植物は結構多い。アジサイやキンポウゲやアケビや――。人間はとかく定義付けが好きだが、自然はそんなことはお構いなし。花びらに代わるものを身につけて、生きていく。

ハンゲショウは花序の下の葉が半分白く化粧するとき、生殖期を示す。ただし化粧は自然の作用。みずから塗りたくるわけではない。年がら年中、金と手間をかける化粧まみれの人間とは、別の世界だ。

哺乳類、人間と家畜で9割以上を占める

三大食糧としてヒトと家畜を養ったのが、ムギ、イネ、トウモロコシ。彼らは典型的な「花びらを止めた植物たち」、すべてイネ科の仲間だ。ヒトが定住を始め、集団生活に都合のいい植物を栽培。ムギは西アジアで、コメは東南アジアで、トウモロコ

シは新大陸で。イネ科は、その華麗さで人間がもてはやすラン科のあとに出現した。繁栄を極めるラン科の15000種には及ばないが、それでも12000種を数える巨大なグループ。しかも地表を覆う数量ではるかにランを超える。彼らはヒトに奉仕するために、出現したのではないのだが——。

京大の山極寿一の紹介によると、「地球上の哺乳類すべての9割以上を、人間とその家畜が占めている」と。これではウイルスが暴れるはず。もともと昔から存在していたのに、自分たちの居場所がなくなる由々しい事態。生物随一を誇る人間の賢さとはいったい何なのだろう。「食人種」とは生物を食い尽くすヒトをいう言葉かも。

【植物観察】服部緑地公園の緑陰を縫って

8月――

虫を溶かして食べる植物モウセンゴケ

私は、心地よさや幸福などを
人生の目的だと思ったことは一度もありません。
これらは「豚飼いの理想」と呼びます。（アインシュタイン）

木が食べるのは窒素、燐酸、カリ。生物である植物は無生物を食べる。無生物を食べた植物を、ヒトなどの動物が食べる。こうして循環が成り立ち、生命が明日へ続く。私たちが食べたものはアミノ酸まで分解され、また体の必要部位に作り直されていく。食物連鎖で「食べる」のは、強いものが弱いものに対する行為のはず。カボチャやホウレンソウに食べられる私って、ありえないのだが――。

キラキラ輝く粘液で、しかもいい香りを放ちモウセンゴケは虫を招く。つられてそこに乗っかれば、15分ほども絡まれ、溶けてモウセンゴケの養分となり、絶滅が危惧される彼らの生存に貢献する。崖っぷちで暮らすはぐれヤギを、「可哀想だから救助せよ」と通報する優しい人間にはなじめない残酷劇だ。食虫植物の根性を叩き直したい――とは、思わないだろうか。

「みんなしてるから、私もマスク」

同志社大の研究チームのアンケート結果が報道された。日本人のマスク着用は、自分や他人への感染防止ではなく、ほとんどの人は「みんなが着けているから」と。みんなに合わせて暮らす同調社会の悪弊が、浮き彫りになっている。

世界で感染者が増え続けているコロナ禍なのに、十分な対策が立てられない。経済活動を止められないのだ。それは、コロナパンデミック以上に人間の息の根を締め上げるだろう。「集団的に管理され、みずからの食べ物を自己調達できない動物に落ちぶれた人間」、あわれな現状が突き付けられている。

暑い夏、咲き誇るヒビスカス（アオイ科）。大きく開く花びらから突き出るシベの柱。老若男女らをそそり、禁じられた3密への恨みを膨らます。ヒビスカスは1日花。開花は次から次へと移っていく。節操なんて言ってられない虫たち。『アンソーシャルディスタンス』の熱愛を、金原ひとみが描いた。

【植物観察】熱帯風のアイランド緑地で、ハマボウと出会えるかも

9月——

外来種の人間が、外来種を責める滑稽さ

楽園を追放された人間は、歴史の道へ出ていかなければならぬ。
人間は、帰ることは許されない。その道がどこへ行き着くのか
せめて心を込めて選ぶことだ。（エーリッヒ・フロム）

タカサゴユリが、野生としてあちこちで咲いている。大きくて背の高い姿は、高貴

と優雅をばら撒いている。テッポウユリに似ているが、花被に入る薄赤いラインと、か細い葉で識別できる。もともと台湾が原産だが、持前の強靭さでどんどん拡がっている。案の定、行政は「駆除するべき外来種」に指定したが、外観にこだわる人々の勝手は、その繁茂を許している。

この変化してやまない地球環境の中で、「在来種＝もともとあったもの」なんてありえない。一歩戸外へ出れば、そのあたりの草木はすべて、外来種だ。ヒトそのものが、地球歴の少し前にやって来た新参者でしかない。人間は、自分を在来種と思っているのだろうか。ヒトという動物は、同じ外来種の引け目を持ちながら、生物を責めることで、自分の心を休めているのだろう。

今、夜空にキラキラ輝いている木星、付き添うように土星。その横には大きな月が――。月は地球の80分の1、木星は地球の３３０倍。見た目と実際とが逆転する。コペルニクスが地動説を唱えてから５００年。科学的に明々白々でも、新聞には日出・日没と。乗っかっている地球がぐるぐる回っているとは思えず、常識はなんだろう。

「サイボーグ」や「ファイボーグ」と名付けられ、機械と動植物が融合していく。科学技術はますます高度化し、それに関わるごく一部の人間にしか分からない。いや細分化された工程では、誰も完成品の全体を理解できないだろう。そのような巨大システムが人間の世を回し、管理していく。

片時も離さずスマホに食らいついているのは、はたして生物だろうか。スマホ（無生物）と人間（生物）とが接合した、ウイルスのような存在では――。世界をめぐる情報は、人類をどこへ連れて行くのだろう。ＡＩは人間にできないことをやり、人間が知らないことを知っている。しくじることも、忘れることも、人情もなく。

【植物観察】すばらしい猪名川庭園から多田神社へ

10月――
人はランを美しいと言うが、イネはランの反省だ

湖に浮かぶボートを漕ぐように
人は後ろ向きに、未来へ向かう。
眼に映るのは、過去の風景だけ。
未来の景色は、分かりようもない。（ポール・ヴァレリー）

8月が終わった途端、公園のセミがぴたりと鳴きやんだ。都会のセミは、もっぱらクマゼミの天下だったが、最近はアブラゼミが復活、午後からは彼らの世界らしい。卵から孵ったセミの子は、自力で地中へと潜り7年もの年月を過ごす。成人になって地上へ這い出し、オスが鳴きわめいて交尾し産卵して一生を終える（地中の彼らを子どもと見、地上へ出ると大人と見る、変な見方をする動物だ――人間は）。

考えてみれば、年ごとに地上へ出現する7年分のセミが地中で暮らしている。狭く

数少ない公園などの緑地に押し込められて（密閉・密集・密接でセミもマスクを要求？）。誰が押し込めたのか。コンクリートやアスファルトで土を覆い隠し、地上へ繁殖に出られないよう妨害するのは誰か。セミだけではない。あらゆる生物は土壌がなければ生きられない。噴火で出現する新しい土地での生物発生が教える。「土と泥を嫌うものは生物ではない」と。

エライ人も、それに従う人も「生物多様性」と念仏のように唱える。しかし、「多様性豊かな熱帯雨林」に入ると、出会った植物はその日のうちに二度と出会うことがないほど、多様だと言われる。多様性の意味が、人間には理解できないだろう。

雨林の樹上で輝くラン科は、最高の繁栄を果たした植物の1種類である。私たちは今、彼らの野生の姿を見ることはない、ささやかなネジバナ以外には。

舗装され、多くの建物で封鎖された土地。人間がひしめく都会は、ヒトという生物以外にはとても住みづらい。家から一歩出ると、エノコログサがいる。ニワホコリがスズメガヤが、イヌビエがメヒシバがイグサが、ネズミムギがホソムギがイチゴツナギがカモガヤが、ヌカススキがクサヨシが、コヌカグサがヌカボが――。

荒野の都会に暮らすイネ科は、風による素早い交配と種子散布で生き抜く。虫や動物に頼ることもなく、ヒトがでっち上げた過酷な環境の中で、生き続ける。巨大でもなく、美しくもなく、目立つこともなく、香ることもなく、長生きもせずに。

【植物観察】旧藤田邸庭園を探索（うまくいけばガーデンオリエンタル）

11月――

秋の女王ハギ、だが淋しいヌスビトハギ

人は、海のようなもの。あるときは穏やか、
あるときはしけて。ここで、知っておかねばならないこと。
そう人間は、ほとんどが水で出来ている。（アインシュタイン）

秋が走り去る。この頃は、特に早く感じる。秋だけでなく、すべての変化が早い。秋はハギの季節だ。万葉集約４５００首のうち花の歌は１５００首で、植物の種数は１２６種とか。一番多いのはサクラではなくハギの１４１首。なぜハギなのか。

オミナエシやフジバカマやオバナも、豪華な１輪ではなく、小さな花の集まりだ。春の七草は、飢餓の冬を越えた食べ物の列記だが、秋の七草は観賞の対象。「うつくし」の感覚が昔と現代とでは、まったく違うのだろうか。今、一面のコスモス畑を楽しむけれど、乱れ咲くアレチヌスビトハギを誰も鑑賞しない――。

あるがままの自然に、人々は目を向けなくなった。お月見にオバナとともに供えるのは、ダンゴやモチではなく、サトイモ。人間を管理するために栽培されるコメ・ムギより以前、ヒトの主食はイモだった。

「人に老化はない。すべては病である」と書かれた本が大モテ。「病だから治る」というわけなのだ。幻想と錯覚を売り物にする商売は、相も変わらず。中高年の自殺の多さが報道される一方で、永遠の生命を求める権威や財産に恵まれる者が、この商売の担い手だ。むなしい希望に操られる者たちも。

人というのは「死ぬのは病気のせい」と考えるもの。人類は今のコロナのように、幾度となく病に襲われてきた。ハンセン病、ペスト、梅毒、コレラ、結核などなど。原因となる悪者を見つけては、退治しようと懸命だった。歴史を振り返れば、権力者の大好きな戦争よりも多くの人々が、感染症によって命を落としている。戦争そのものも、感染症にとって好都合の、劣悪で悲惨な舞台を提供したのだ。ヨーロッパによるアメリカ新大陸の侵略も、主役は病気だった。

地球上で膨張して群れるヒトの繁茂が、主である微生物の逆鱗に触れている。しかし、グローバルに管理された一人の人間は、ただただ統率者に従うのみ。今夜も大きな月と小さな金星が、はるかな錯覚に輝いている。


【植物観察】紅葉に包まれる地蔵尊にお参り

12月――
イチョウのオスとメス、どっちが立派？

私は、あなたが女性であることを、気にしていません。
大切なのは、あなた自身が気にしないことです。
そこには理由など　ないのですから。（アインシュタイン）

イチョウが一斉に落葉する、舗道を一面の黄色に染めて。風がなくても、時間をおいて「一斉に」落葉する。昔から知られた見事な現象だが、なぜかは分からない。そもそも「なぜ紅葉するのか」、化学的な説明はあるが、どうしてかの理由は分からない。

イチョウはソテツと並んで、最も古い樹木とされるが、針葉でもないのに、裸子植物。そして広葉なのに広葉樹でもない。分類好きの学者や研究者を悩ます。究極のネタがその学名だ。「Ginkgo」と綴るが読みようがない。権威に飾られた学界は、変えることもできない。毒に包まれた美味の種、樹肌から乳房が垂れたり、葉っぱに種子が出来たり、葉がラッパ状に丸まったり、しかも精子で受精するとは。奇妙な生き様が一杯。原産地の中国では鴨脚樹木と称されるから、葉が鴨の脚に見えるかどうか、京都の鴨脚《いちょう》さんに尋ねてみたい。

人間はどれほど、歴史を実感できるのだろう。歴史好きと言われる日本人だが、日頃話題になるのは、大化の改新、戦国時代、明治維新――。20万年前のサピエンス、30億年以上前のウイルスの出現に思いが及ぶことはない。

今、生物は細菌、古細菌、真核の3ドメイン（界）に分類される。ヒトはその中の真核生物の中の、ほんの小さな1種。宇宙にそして地球に、どうして生命が生まれたのか、分かっていない。無生物と生物の間に位置するウイルスが、その答えを持っているのだろう。母体の胎盤を作り、脚光を浴びる遺伝子組み換えの技術を支える存在。それは生物でもなく生物でもあるのだ。両方の世界を股にかけるウイルス。ヒトというのは、みずからが理解できないものに、憎しみや恐れを感じ、ヘイトしたがるもの。化け物や幽霊を、悪魔や鬼を作り出したのは、この人間の性根だ。

世間からの蔑視のもと、酷使される人々は今も大勢いる。技能実習生と名付けた外国人への日本人の酷い仕打ちの現状を、ＮＨＫが報じた。遠い星の話ではない。ギリシャ・ローマの昔から、人殺しをスポーツとして楽しんだヒトである。

【植物観察】紫金山公園の吉志部神社で、コロナとの平穏を求めて

2021年1月——
冬の美しい裸木、誰のため葉を落したか

あなたは、本当にそう思っているのですか。
他人によって、永遠の幸せが得られるなんて。
男に期待しすぎては、いけません。
私もその一人ですから、よく分かっています。（アインシュタイン）

なぜ冬になると多くの樹木は落葉するのか。落葉するのは落葉樹だけ？ 落葉して、樹肌と枝ぶりをあらわにしてくれる。美しいと見るか醜いと見るか、また何も感じないかは人それぞれ。しかし、カシワやヤマコウバシは枯葉を落とそうとはしない。その姿も、我が人生を振り返らせてくれる。彼らはイタリアの数学者フィボナッチが発見したとされる数列の法則によって枝を分けるが、同じものは2つとない。大雑把に見れば、上へと高く伸びようとするものと、横へ拡がろうとするものとに分かれる。

ツル植物は居場所によって生きざまを変える。上に邪魔がない所では地面近くを這い回る。背の高いものがあるとよじ登る。太陽を浴びるため形を変える。誰か管理者が指示しているのかな――と人間は考える。

考えてみれば、葉を落とさない植物なんてありはしない。常緑樹も時期を変えて、落葉する。落ち葉を待ち望んでいるものが、地上や地下に大勢いる。それがあのクヌギにもアラカシにも、分かっているのだ。循環する炭素、そして生命!

COVID19で大変な状況に追い込まれた人間＝サピエンスの2020年。ほぼ年初から始まった新型コロナ禍で日本人の死者は、12月25日現在で3500人。生まれては死んでいく生き物としての日本人。例年、約90万人が生まれ約140万人が死んでいく。新型コロナ以前に、ガンによる死は40万人弱、心筋梗塞など心臓死が7万人ほど、普通のインフルエンザ関連では約1万人、交通事故でも3000人ほどが死んでいる。死者の総数に変わりはない。

地球史40億年から見ると、ついさっき現れたヒトと比べ、ほぼ原初の頃から存在しているウイルス。「自然を守れ」なんて叫ぶ口から、「ウイルスに負けるな」「ウイルスをやっつけろ」と言う人間の滑稽さ！　ヒトの脳なんてこの程度のものかと、思い知らされる。ゴリラやチンパンジーを、絶滅に追いやっているサピエンスの運命を、リチャード・プレストンは『ホット・ゾーン』で警告したのだが――。

【植物観察】平安京を造った紫金山公園に遊ぶ

2月――
森で穏やかに暮らす微（生）物、乱すのは誰？

私には特別な才能なんて、ありはしません。
ただただ、熱狂的な好奇心があるだけなのです。（アインシュタイン）

ギルガメシュ叙事詩というのが、人間が描いた最古の物語らしい。舞台はアラブのど真ん中、メソポタミア。2つの川に挟まれた鬱蒼たるレバノンスギの森は、人間文明の発祥の地とされる。物語は森林の主、フンババを殺害する話だ。森を殺すことで、人間は文明を発展させてきた。燃料・建築・造船・文化など、すべてが森からの収奪だ。森は失われ、次の手つかずの森をめぐって、血みどろの戦いが繰り返される。古代ギリシャ・ローマの戦争はすべて――。そして、人間の歴史は今も。

地球の肺と言われるアマゾン熱帯雨林。ブラジル政府がその開発計画を立てたのが1940年。アマゾンの森を貫く縦断・横断道路が1960年以降、どんどん建設されて開発が進む。立派に成長したマホガニーやイペーの大木が切り出されたあとは、焼き払われて裸地にされ、肉牛飼育の広大な放牧地となった。

1970年になると、大豆栽培のための大規模農地が出現。鉱山開発や水力発電も始まり、ヒトの胃袋と欲望を満たすため、今や緑の大地は見る影もない。森を失ったアマゾンは乾燥化が激しく、砂漠になるかもと懸念されている。

春だ。都会の片隅で、1・2年草がつぎつぎと芽を出す。ヒメオドリコやフラサバソウが足元で咲いている。街の片隅どころか、土くれと水気があるいたるところで。深い森では倒木のギャップを待つ生物も、街の中では大忙し。常にヒトという動物が掻き回す自然に合わせ、命をつなぐ。

花を咲かすその種子は、生きているのか――。かつて2000年も昔の大賀ハスの種子が、花を咲かせて大きな話題になった。バンクシアの種子は山火事に焼かれて休眠から覚めると言われる。1つの種子を見て、生死の判断は不可能だろう（栽培は経験により判定される）。私たちには「何が生で、何が死」ということが、まだ十分に分かっていない。現在、大騒動のウイルスについても、「生きているのか死んでいるのか」を定義することは、できないのだ。

【植物観察】春を求め、猪名野神社から伊丹緑道へ

3月――

意識できない1ミリ以下が、恐怖の極み

私は自然について少し理解していますが、
　人間については、ほとんどまったく理解していません。（アインシュタイン）

コロナ禍から始まった。私たちは眼に見えないものを、恐れなければならないと。ヒトという動物は、「見る」という行為が判断の基本になっている。ところがヒトにとって「見える」範囲は、ごくごく限られている。1「ミリ」の米粒は肉眼で見える、何かにまぎれていない限り。千分の1ミリの「マイクロ」単位であるヒトの細胞やらバクテリアは、光学顕微鏡を持ってこなくては見えない。今や大騒動のウイルスは、百万分の1ミリのレベルであり、電子顕微鏡でしか見ることはできない。さらに言えば私たち生物や地球を作っている原子や素粒子は、どんな技術によっても、まったく見ることはできない。カミオカンデなどという莫大な税金を使った巨大設備によって、

その存在を知るというのみだ。生きることが精一杯の非正規の母親にとって、このお金はどれほどの意味があるのか。

サクラが咲いている。香るウメと違い、長い花柄をつけて、虫たちが現れた暖かな春に、絢爛たる姿である。人間がさんざんいじり回し、密植するサクラ。自然のヤマザクラやカスミザクラが、深い山中に点在するように、彼らは群がるのを嫌う。根っこからは忌避物を出し、何とか独りで暮らしたいのだが——。ソメイヨシノやカワヅザクラは、短い生涯のサピエンスが作り出した弔花だろう。

「捩れること」——植物を見ていると、よく出会う姿である。すっくと立つスイセンの葉。ピンと立つクロマツの葉。崖を覆うテイカカズラの花びら。野原に咲くネジバナの花つき。みんな捩れて生きている。植物学会では、左右の捩り方の表記が大きく変わり、牧野富太郎の頃と逆になった。しかしなぜ捩るのか、どうしてそう捩るのか。あまり教えてはくれない。

常識や理性で暮らしている私たち。食物を他人に調達してもらいながら、家畜として、自然を知らず、自然とはかけ離れて生きている。自然保護を叫びながら——。

4月――
ワクチン接種、自分で判断できますか？

自分自身の人生に意味を見い出せない人は、
単に不幸であるばかりでなく、
生きるのに向いていないと言えましょう。（アインシュタイン）

専門家という人種がいる。今、コロナ禍の中で大きな存在だ。大学教授、研究者、担当官僚と肩書はいろいろだが、すべてを分かったエライ人らしい。そこには無知蒙昧の政治家も入ってくる。庶民はその話口で、理解できない中身を判断する。自分で調べて行動することなんてできないから、誰かに従わなければならない。

ワクチン接種が始まる。接種するかどうかは、「個人の自由」だという。そのような知識を持ち、判断ができるような私たちではない。いつも家族や親族や子どもを大切にし、友達や知人に気をかけて生きている。彼や彼女は、みんなはどうするのだろう。

ワクチンを打つと副反応が出るという。それも人それぞれ、軽症の人から重篤の人まで。％で表示され、自分は多い方に入ると思い込むが、何の根拠もない。「ビッグデータ」という今どきはやりの私の個人情報は、ここではまったく示してはくれない。割合は少なくても、必ずそこには、重篤になる誰かが当てはまるのだが。

植物の葉には表と裏があるそうな。平べったいクヌギの葉なら、幹や枝に向かった方が表で、反対側が裏と。じゃあ捩れた松の葉の表は、どちら？ 枝や茎のない草の葉は？ ネギの丸い葉は見えているところは裏で、表は筒の中という。アヤメは表が半分に折れてくっつき、見える部分はみな裏側らしい。葉というものは、表と裏で役割が違う。表は光合成を行って澱粉や糖を作り、裏には気孔があり呼吸などしている。表裏がないと困るのだ。どうなっているのだろう。

表・裏六甲とか表・裏日本とか、日本語では表と裏がよく使われる。人生の「裏道」や「表舞台」となると、表裏に重大な意味が含まれることもあり——いったい日本語は、この「科学の時代」にとって良い言葉なのだろうか。

【植物観察】海浜で潮風に耐えて生きるものたち

5月——

2025年問題、あなたは長寿を望みますか？

無限なものは2つあります。宇宙と人間の愚かさ。
前者については、断言できませんが。（アインシュタイン）

日本の人口の30％が65歳以上、75歳以上は17％になる。これが日本の「2025年問題」とされる。老人をどう支えるのかが、社会的大問題となる時代なのだ。

あらゆる生物は、みずからの行動によって生命を維持している。誕生したときの僅かな時間を除いて。これが生物というもの。トリもケモノも、自分で採餌・代謝ができなくなるとき、死を迎えて寿命となる。

私たちヒトの寿命は、医療技術の進歩で長くなっている。しかし「健康寿命」という考えが大切だ。自発活動ができない状態は、「生きている」と言えるのだろうかと。政治や会社や学校の大先生をはじめ、衣食住を自分自身で直接調達し維持しているヒトは世の中にほとんど見当たらない。庶民と言えば、自分の食物も生産できず、汗水流し苦労してエライ人の資産を増やす労働に追われている。インフルエンザの死は激減し、代わってコロナの死が増す今だ。ウイルスの企図はどこにあるのか？

生物や植物の多様性には、びっくり。太いハクモクレンの幹から、豪華な花が一輪。横縞の艶やかなサクラの幹から可憐な花一輪。枝先でもないところから、どうして——植物はすべて体が万能細胞で成り立っている。ヒトは、細胞が心臓や眼になって、役割がいったん決まれば、他のものにはなれない。ヒトのこのような生態が、一生同じ名前で、同じ人として過ごさせるのだろう。ただしフィンランドでは、成人になると自分で名前を決められるが。

スティーブ・ジョブズが言った。「死とは素晴しい発明だ。生死の間の長いグラデーションを楽しまないと」。死は経験者のいない未知の旅。もし死がなければ、今、1000億人を超える膨大なヒトが、狭い地球にひしめいていることだろう。その光景は、乏しい食物を奪い合う残酷な暗黒社会。死とは素晴しいことなのだ。

【植物観察】須磨海浜で潮風に耐えて生きるものたち

6月――

ガン死は1日千人超え、コロナ死は37人

私たち人間が正直に行動することを許されるのは
生まれる瞬間と死ぬ瞬間だけです。（アインシュタイン）

２０１６年から日本人は年１３０万人超が死ぬ。１日に３８００人ほど。厚労省の人口動態統計をもとに、日本人の死因を見る。１日あたりに換算し、トップはガン死が１０００人を超える。２位は心筋梗塞などの心疾患５７０人、３位は老衰３００人、くも膜下など脳疾患３００人。あと肺炎、事故、腎不全、自殺、肝疾患、糖尿病などと続く。新型コロナ死亡は、最初の２０２０年２月から今年２０２１年５月まで合計１万３０００人で、１日あたり37人。ちなみにインフルエンザによる関連死は、従来年平均１万人超と推定されている。これが昨２０２０年４月以降は、ほぼゼロに。

ギルガメシュの昔から、ヒトが集住する所に感染症は猛威をふるう。神仏にすがり権力に頼るが――「みんなに従い、みんなで助け合って」と――群れ集まる根性は変わらない。ウイルスの最後の宿主は、世界の高等動物ホモサピエンスだ。

海浜に生きるセリ科ハマボウフウは奇妙な姿をしている。砂にへばりつき、セリに似合わぬ丸く厚い葉を２つ３つに分け、砂地にへばりついている。小さな花を盛り上げて、小さな果実をたくさん産むのだろう。海浜にはまた、マツ林が定番の風景である。クロマツは防風林としてヒトが植え込んだもの。内陸の生活を防衛するため非対称の針葉を茂らせて応えてくれる。

彼らが、養分の乏しいこの砂浜で生きていけるのは、共生している微生物やバクテリアのおかげ。潮風にさらされ波浪にさらわれ、厳しい環境に生きるものたち。みな知恵を絞り、異分子と力を合わせて生きている。動き回る大地に直根を突き刺し、背は低く、葉は分厚くして、生き残りをかける。人間社会のように、指導や指揮をする立派でつまらぬ先生もいなくて。

【植物観察】信仰厚く、石切剣箭神社へ裏から

7月——
ヒトはバクテリア100兆との共生体

あなたは、本当にそう思っているんですか？
他人によって、永遠の幸せが得られるなんて。（アインシュタイン）

自然環境といい地球環境という。そして体内環境とも。あなたや私が生きているところ。いったいい環境のどれほどのことを知っているのだろう。コロナ禍と叫ぶ今、特に免疫力をつかさどる体内の常在細菌に注目したい。

先日亡くなった藤田紘一郎が、熱心に唱えたのは腸内細菌との共生。広げるとテニスコート大になるという腸の面積だ。そこに100種以上で100兆個を超える細菌が住む。腸内の環境を整え、消化吸収やビタミン産生、そして免疫をつかさどる。彼らがいなければ、あなたの体は成り立たない。手足や体の表皮、口腔、消化管の中、鼻腔、泌尿生殖器などすべて、細菌微生物のおかげで正常に保たれている。ちなみに腸内細菌は私たちの好きなフローラ＝お花畑と呼ばれる。

石切さんへの道で、芳香の強く漂う植え込みに出会った。シソ科のセイヨウニンジンボク。この木がシソ科とされたのはついこの間、植物が遺伝子で分類されるようになってから。ヒトが得意の「見る」と「感じる」だけでは、いよいよ科学的真実が分からなくなってきた。

シソ科と言えば、食品や鑑賞と身近な存在だ。ミント、オレガノなどの香り付けから、サルビア、アジュガなど花を楽しむものまで。いずれも唇形の花で四角い茎が特徴。昔は花の形から「クチビルバナ」と言ったとか。デートに欠かせぬ花だった。最近、3・11原発事故から10年経った福島周辺の森の、現在の状況をNHKが「被曝の森」とのタイトルで放映した。見事によみがえった自然の森。汚染は残るものの、ヒトによって浸食される以前の姿へ回復している。事故後に指摘された生物たちの遺伝子損傷も、早い修復をと祈り。誰がこんなことに！

【植物観察】三宮東遊園地、色とりどりの花めぐり散歩

8月――
マツやスギに花咲くの？　フラワーとは？

常識とは、18歳までに身につけた、
偏見のコレクションのことをいう。（アインシュタイン）

「花は美しく可愛いもの」なんて思っていたらとんでもない。ラフレシアという花は恐ろしく醜悪で悪臭を放つ。昔、畑の片隅に必ずあった肥溜めの臭いだ（ハエが大好きな臭い）。世界最大の花ラフレシアの生殖は、ハエによって成り立っている。植物にとって、花は生殖のための大切な器官だ。眺めるだけの人間がどう思うかは、まったく関知することでない。キンモクセイにしろ、遠くから漂う匂いは甘くても、鼻を近づけるとその厳しさに辟易する。植物園でたまに見かける模型のラフレシアは、東南

アジアがふるさと。ヒトに見えるのは花だけだ。茎も根も葉もなく、本体はブドウ科の根っこに全寄生して、入り込んでいる。その生きざまがウイルスと似ている。

昔、花は咲かなかった、というより花はなかったのだ。虫も鳥もおらず、メスがオスを迎えて交配するのは、すべて風や水の仕業だった。裸子植物の生殖細胞である花粉は、ヒトの悩みの種である。しかし植物にとっては命をつなぐ大切なこと。風に舞う花粉が、無事雌しべに到達することは、どれほど稀なことか。「雲や霞となって漂う」と形容されるほど、花粉を産生しなければ。

現在、最も進化の先頭にいる植物はキク科。マーガレットからルドベキアなどが豪華に街路の花壇を埋める。「特攻花」と言われ死出の兵士を送ったオオキンケイギクやテンニンギクは、今も町中で咲き続ける。キク科のヨモギやブタクサやオナモミなど、虫媒花から昔の風媒花へと戻るのはなぜか。「進化は、決して進歩ではない」とは生物学の大切な原則だが。1日3食、2本脚で歩くヒトは、なかなか納得の悪い生物だ。

【植物観察】西田万葉公園で植物の長い歴史を

9月――「毒を持つものは美しい」って本当なの？

不運は、幸運とは比較にならないほど、
人間によく似合っている。（アインシュタイン）

「薬毒同源」は、昔から生き物たちの大切な知識だったようだ。いろんな植物の毒を活用することで、人々は病を克服してきた。薬草の知識こそが医学であり、信仰や宗教にも利用された。しかし今、ドクダミやチドメグサもほとんど使わない。コンクリートに覆われた舗道の片隅にあっても、清潔好きの市民に日々抜かれる運命だ。一方で巨大ファーマー製薬会社の研究開発は、巨大金脈を探っていよいよ進む。

日本は長寿の国とされるが、これほど不健康に長生きしている所は少ない。家族主義を偏愛し、社会運動に関与しないこの国で、たくさんの薬剤に充たされて、人々は終末を迎える。「無理やり延命させられ」、「見守られて逝く死」は、このような人間に課せられた苦難の運命なのだろうか。しかも、近頃は死に向かう道をうかうか歩いていると「延命措置を拒否する」という意思表示を迫られる。臓器待ちは長蛇の列。医者や業者も手ぐすね引いて待っている。

私たちの愛する美しい花。フクジュソウ、ヒガンバナ、スズラン、ディギタリス、カロライナジャスミン、スイセンなど、これらはみな毒草。有毒のサインが持つ意味は、「よるな、食べるな、気を付けよ」なのだろうか。

緑の相談所が管理する三宮の花壇は、季節ごとに美しい花で埋められるが、夏には南の国の装いとなる。特に目を引くのが、特異な可愛い小花が群がるアスクレピアス。日本名はトウワタで、果実に綿のような細毛の生えるのが特徴だ。

中国が原産地とされるが、この植物が猛毒とは、あまり知られてはいない。属する「ガガイモ科」とは植物好きには知られた言葉だが、今の遺伝子分類では学名としてなくなってしまった。しかし、キョウチクトウ科に入っていると聞けば、なるほど。

【植物観察】隠れた静寂の秘所、藤田邸跡庭園を散策

10月――

踏みつけられて、生命をつなぐイネ科

恋に落ちることは、人間の最も愚かな行為だ
とは言えませんが、重力のせいでもないでしょう。（アインシュタイン）

人類はもっともっと幸せに！　経済をどんどん成長させて。ウイルスを蹴散らし、バクテリアを根絶して発展しよう。世界も宇宙も我らのもの。「微生物は、あらゆる命の先輩」なんていう生命学や生物学研究者などの陰謀論には耳貸さず、ロボットやコンピューターを駆使して幸福のパラダイスを目指す。

土とともに生きる土壌生物の上には、太陽光のパネルが大地を覆う。風力発電の風車が森林を消去して鳥や虫を追い払う。温暖化をもたらした大電力会社が、先頭に立って旗を振る「脱炭素」の環境政策。その環境政策が自然を壊滅させていく。すでに人類は1つの種ではないよう。一方に最先端のAI技術をもって躍進するものと、他方に非正規労働を掛け持ちしての子育てするもの、大借金を負って解雇され失踪する留学生などは、まったく別の生き物に違いない。

雑草と呼ばれる生き物がいる。ヒトという動物の多くが土から離れ、みずから食べ物を調達するのを止めてから、イネ科の草本世界が拡がっている。森林と呼ばれるところは急激に少なくなり、ヒトがはびこる場所は畑さえなく、町とも言えない。私たちが生まれた頃、地球には20億人ほどのヒトがいた。今は80億人が絶え間なく「緑の星」を侵食しながら増殖し続ける。街が森を侵食する——その街にイネ科は栄えるのだ。

エノコログサなど雑草たちは幅広の網状の葉ではなく、細長い平行脈の葉を素早く作る。時間単位で花を咲かせ、種子をつける。忙しければ茎も花も省略。「美しい花など糞くらえ！」。多くの虫や土壌生物たちが、早く早くと待ち望んでいる。

【植物観察】都会に残る嬉しい自然「千里東町公園」

11月——
タケとウイルスの不思議、専門家の不可解

ある偶然の出来事を維持しようとする
無謀で不幸な試みを、結婚というのです。（アインシュタイン）

「コロナ後遺症が厳しい」とＮＨＫニュースは言う。解説者は「後遺症の予防はコロナにかからないこと」と——これで解説になっているのか。

ワクチンを打って死んだ人は10月24日現在で１３００人を超えるが、専門家は

「99％因果関係はない」と言う（毎日新聞）。エライお上とマスコミは「陰謀論に惑わされず、3回目のワクチンを打て」と言う。議論ができない日本人という私たちには、権威と権力のかけ声だけが響く。実践し監視するのは、物分かり良い庶民の役目だ。

ビッグファーマーは巨大な利益を謳歌し、そのおこぼれに酔う人もいる。遺伝子を組み換え栽培された野菜、それを食べる私たちが、動物ではない培養肉を食べる日も近い。今や食品はすべて、色も味もすべてがおいしく見栄えよく科学的に操作されている。その中心に存在するのが、ビッグファーマーという巨大製薬企業だ。

見事な竹林に出会った。未だ十分に解明されていないが、70年や120年ごと、一斉に開花・結実し、一斉に枯死すると言われる。南方のバンブーは株立ちするだけだが、一般にタケ・ササと言われるものは、地下茎で這い回り、すべてがつながっている。遠く離れていても、一斉に開花枯死するとも――。どうしてそんなに長い時間と距離を、認識しながら生きていけるのだろう。最近、植物ロボットの開発が進んでいることも合わせ、興味深いことである。

1日で1メートル以上、3か月で伸長を完了するタケ。植物学者は葉鞘（竹皮）が残るとササ、脱落するのをタケと区別し、メダケやオカメザサを非難するが、区分する人間側が間違っているのだろう。プラスチックを氾濫させる前、タケ・ササが住居や道具となり生活を支える主体だった。タケ・ササに感謝と敬意を捧げよう。

【植物観察】紅葉の山で憩う、山里の社寺森にて

12月――

山里に散る枯葉、大喜びの土壌生物と私たち

どうして自分を責めるんですか。
　必要なときは、他人が責めてくれるから
　　いいじゃないですか。（アインシュタイン）

ギリシャ語「オミクロン」がおおはやり。専門家の悩みは、ウイルス変異の表記がギリシャ文字で足らなくなること。「相変わりませず」の人間社会の論理が、自然の世界では通用しない。生まれたときに付けた名前が、一生変わらないことは、遺産過多の人間だけが持つ不都合な習性か。

科学関連のベストセラー『生物と無生物のあいだ』の著者、ロックフェラー大の福岡伸一の新著が面白い。「コロナ禍は自然からのリベンジ（復讐）だ」という。宮沢賢治の「春と修羅」を引きながら「生命とは揺らぎ続ける現象」であり、「固定し確固とした存在」ではないと。誕生から死へと、絶え間なく変化し続けるもの。今や90億を目前の人類。変わらぬ愛とか、成長し続ける経済とか、幸せや豊かさのプラス思考に操られてさまよう。ＡＩが発する多すぎる情報に、身も心もすり減らして。民主主義という調味料も、歴史を振り返ると、束の間の甘い夢かもしれない。

モミジが映える山麓は、コナラの枯葉が舞い落ち、大気から地下へと絶妙な炭素循環が展開する光景に、懐かしい感慨に満たされる。都会の八重のサザンカやツバキを見慣れた目には、一重のサザンカが鮮烈に映る。野生のものは、どちらもほぼ白色5弁の一重。八重は生殖器のシベを無理やり花弁に変えた、人間の非情の仕業だ。

森林を保護しようという運動は、破壊する人間を征伐するのではなく、壊された人的財産を回復しようとするもの。かつて人間が森林を皆伐して植え込んだスギ・ヒノキあるいはタケ。放置して荒廃した森を、どうするのだろう。減ったら絶滅危惧種として保護し、増えれば侵略外来種として駆除する自然保護活動。

草木や虫たち、何より微生物たちの呪詛のうめきが、活動家や専門家には聞こえないのだろうか。

【植物観察】都会に浮かぶ幻想の大倉山へ

2022年1月——

「他人を踏み台に」ツル植物は人生の教師

遅れてきたツル植物。夜のしじまに、ぬっと姿を現すカラスウリはその象徴だ。大空に向かって雄姿を広げるブナ科。地上を覆い尽くすキク科の大軍。さて、どこでどう生きることができるか！　太くて丈夫な幹も作らずに、素早く光合成の葉を広げるには、どうする。手間を省いて基礎工事は手を抜き、他人を利用しよう。地上を素早く移動し、太陽の光を求めて上へ下へ、急げ急げ。

右に左に茎で巻きつき、ひげで巻きつき、吸盤や仮根で付着して、進もう。利用するのは誰だっていい。「相手に迷惑をかける」？　俺は構ってられない。相手が衰えようが、死滅しようが、私は頓着しない。けれども寄りかかる相手がいなくなれば、どうなるかは思案しなければ――。

およそ何であれ、人格への崇拝に関するものは

私には苦痛でした。（アインシュタイン）

冬、葉を落とした裸木にからみつくツル。落葉樹たちは、葉を纏う姿とはまったく違う存在に見える。冬装束のあなたとは、ともに暖かい世界からの移住者だが。

ザラリとしたコナラの樹肌、ツルリとしたエノキの木肌。内部に大量の死を蓄積し、丈夫な形成層を作って、高く大きくそびえる。太い幹から繊細な枝を張り出し、縦に、横に、斜めに太陽光を求める。そこには次の葉や花になる冬芽が用意され。その姿や形が面白く魅力的で、いつ展葉し、どんな花を咲かせるのやら。ヒトの裸体をしのぐ多様性が秘められているのだろう。

ツル植物の生きざまには、あのダーウィンも目を回したとか。生血を求めるヒルの回転のよう、相手を求める見事な動きは、今やロボット化に向かっている。コロナに振り回されるように、自然はヒトの思惑を超えている。ツルやツルロボットが人間の建てた高層建築を利用して、太陽を独占する日が来るかもしれない。

【植物観察】名所・魚住住吉神社にスイセンは咲いている？

2月――
国家と殺戮が好きな「群れるサピエンス」

「新型コロナで死んだ」人が、2月18日世界で600万人を超えた。といっても、正しくは分からない。遺伝子を数十億倍して調べるPCR検査による数字だ。一方では、インフルエンザによる死者は劇的に減っている。

生物は生まれて、死んでいく。それなのに、人間は殺し合いが好きだ。第一次世界大戦で3700万人が死んだ。ついこの間の第二次世界大戦では8000万人が死んだ。紛争は今も世界各地で続いている。科学と産業の先端をいく軍需産業は、常に殺人のネタを作り出し、愛国心高揚と税金徴収に余念がない。

今、性の中性化が進んでいると言われる。「いくさ好きの男」が減っていけば、人類としての闘争根性は改善されるのだろうか。人工生殖の技術が発達すれば、憎悪や熱愛もコントロールされ、それに親が不要となれば、「親さがし」という貧困と非情のむなしい挿話は、終わりになるのか——技術を支配する者に、尋ねてみなければ。

仕事は人生にとって大切です。
しかしその達成なんて、石鹸の泡のようなもの。
私たちはみな、2本足の獣でサルの子孫なのです。（アインシュタイン）

私たちが安らぎ、楽しむ植物。いやいや、命を紡ぐのが植物、そして植物によって生きる動物。最近の研究では、地球上の生物総重量の80％が植物と言われる。それなのに、その植物を私たちはよく分かっているとは言えない。しかもおいしく便利に調理加工されて、生き物を食べている感覚さえ覚束ない有様である。

早春の今、いたるところにスイセンが咲き乱れて——。ヒトという動物は、エフェメラルなど優雅で珍奇なものには集団で押し寄せるのに、ありふれたものには興味を持たない。しかもこの頃はスマホに操られて、いよいよ世界が見えなくなっている。

スイセンについて、香るのか、果実が出来るのか。食べられるか、ユリ根は出来るか。分からないことだらけである。

【植物観察】魚住住吉神社に、スイセンはまだ咲いている？

3月――黄花あふれる春、それに白も青も紫も

37兆と言われるヒトの細胞だが、今、生命科学の世界はすごい速さで変化している。その基本は巨大ではなく極小にあるらしい。20世紀最高映画の1つ『2001年宇宙の旅』が示したのは、ヒトは脳によって生きると。しかし脳がある生物などごく僅か。生存のために、役立っているのか。ヒトという狭い世間の中で、差別を付けるためだけのものかもしれない。特に老いた身体の部位は、どこも脳の指令を聞かない。分離し崩壊する過程では、脳は不要なものだろう。

「積み木崩し」という遊びがある。木片で高く立派な構造物を作り上げる作業だ。賢者は言う。この遊びの醍醐味は「崩す一瞬」にこそあると。生命は崩壊しなければ、次は育たない。地球という限りを探す多くの物語。チェコの作家カレル・チャペックが生み出した「ロボット」によって、その夢は実現し、人類を破滅へと導くことになるだろう。今、ウクライナでは、ロボットもどきの傭兵による殺戮が激しい。

死はいずれやって来ます。
それがいつかなんて、
どうでもいいじゃないですか。（アインシュタイン）

「いのちの春」がめぐって来た。オオイヌノフグリ、ノボロギク、キュウリグサ、コハコベ、タネツケバナ、コオニタビラコ、ホトケノザ、オニノゲシなどなど、おなじみの連中。多種多様な野生の花姿に慰められながら、ヒトという存在の私たちは、「多様性を大切にしよう」と叫んでいて滑稽である。

ハナスベリヒユが繁茂している。体一杯に水を抱え、日照りの路傍で生きている。ヒデリソウ、ヒナタソウと言われ、ツメキリソウとも。爪で切り取って、土に挿してやると、見事に1個体として生きていく。この植物細胞は切り取られた一片に、生命の万能性を持っている。下等動物の人間には無理である。

【植物観察】西郷川河口のさくら公園

4月——

人類絶滅はどっちで？　微生物か原子力か

ウクライナ騒乱で世界の政治家が「核戦争」に言及し出した。もちろん日本の政治家も、「非核三原則を見直し」と言う。核爆弾の保有は、今や5カ国で止まらない。それは追い詰められた支配者たちの「最後の手段」となるに違いない。みずからの「死」を厭わなくなったものに、「生命の尊厳」など、塵くずにすぎないのだから。日本人の特攻隊やイスラムの殉教者など数多くの歴史がそれを示している。イラクのフセインが核を持っていなかったがゆえに、アメリカに殺害されたことは、核開発に懸命な金正恩にとって、大きな教訓なのだ。

心すべきは、頭脳が肥大化したヒトが作り出した1発の「核爆弾」の威力は、今や広島原爆の1500倍。細長い日本と言えども3発で崩壊する。保有する弾頭の数は、全人類を3回絶滅させてもまだ余ると――。最大の保有国はロシアと言われる。さて、核と微生物と、あなたはどちらを選ぶのだろうか？ 貧しい者にボタンはない。

我々が進もうとしている道が正しいかどうかを、
神は前もっては教えてくれません。（アインシュタイン）

ヤナギの仲間は、川の側から山の頂まで、姿と性質を変えながら生きている。海に近い公園にそびえるシダレヤナギの巨木に出会った。昔から身近な存在で、井戸の側、あの世への入口に、幽霊を伴って立つ姿は、おなじみである。

ヒトには目立たぬ風媒花で、オスとメスが別で木も別々。針葉樹のような雰囲気で、虫たちはやって来ない。出会ったのは、花粉を散布し終わったところだった。

「シダレ」る姿は、なぜ起こるのだろう。太陽からは離れるし、葉の裏表が逆さまになるし、花粉を飛ばすには都合よくても受けるには不都合だし、サクラのような虫媒花では虫が止まりにくいし、地面まで垂れ降りたらどうなる――。

直立2足歩行で大変な出産になったヒトと同じように、進化をつかさどる神を呪っているのだろうか。

【植物観察】上坂部西植物園には何が

5月――

自然とは？　ヒトが守れるほどのものですか

ウクライナで多くの人が、恐怖の中で殺されているが、あまりに儲かりすぎて笑いの止まらぬ人もいる。コロナ騒ぎで大儲けしたビッグファーマー（大製薬会社）の次は、巨大軍需産業だ。軍事用ドローンなどは需要に生産が追いつかず。無人で目標を攻撃する最新兵器は、現代戦争の必需品だ。経済紙を見れば、ロッキード・グラマンらの株価は天井知らず、歓喜の悲鳴を上げているという。

科学技術は戦争をテコにして発達するのは、昔からの法則だ。しかし今のスピードは幾何級数的で、ヒトが追いつけるようなものでない。ロボットがヒトの能力を追い越すシンギュラリティというポイントは２０４５年と言われるが、最近ではプレシンギュラリティという２０３０年地点で、大きな転換を迫られるという。

今でさえ、スマホにすべてを捕獲されたヒトに、どこに真実があるのか分かるはずもないのに、あらゆる教室があり、それを教える講師がいて、真実が分かることになっている。

何も考えずに権威を敬うことは、
真実に対する最大の敵である。（アインシュタイン）

歩道を彩るマツバウンランが、いつの間にかダンダンギキョウに代わっている。この2つはいずれも「1年草」と言われる。芽を出した年に花咲き、その年に結実して枯れる。その種子は「死」なのだろうか。姿が変わるだけで、決して命は終わっていないのに――視覚だけに頼る、浅はかなヒトの感覚である。日々刻々と変わっていく自然の中で、生死の概念は曖昧なものだろう。どこかで区切りをつけたいのは、ヒトだけかも。出芽して枯れるまでの間に年が変わると、「2年草」である。

それでも春は楽しい。キキョウと言えば、啄木のカンパヌラにも会いたいけど。可愛いナデシコから合弁のキキョウになって、筒の中は温かい天国なのだろう。でも出会ったナデシコ目のギシギシは単子葉植物に近いのだ。地味な花ほど付き合ってみれば、奥が深い。お忘れなく――これから花咲きます。

【植物観察】ジャカランダ並木に誘われて、八幡屋公園へ

6月──「進化」とは進歩ではない、変化するだけ

「多様性が大切だ」と耳がタコになるほど聞かされて、それが何のことか分からず、自分を他人と比べながら暮らすヒト。上昇志向の渦の中を世間の地位に気を使いながら生きる。これほど自然とかけ離れている動物はいない。

熱帯雨林とか原生林では、その日一日歩き回っても、出会った樹種に二度と出会わないほどの多様さがある。この多様性を成立させるのが、ウイルス・バクテリアなどの微生物であることは、現在の科学では常識だ。しかし、そう考えるヒトは少ない。

ウクライナで、ミャンマーで、ウイグルで、世界中で殺戮が続く。今だけではない。人間の歴史が始まって以来、ずっと続いている。

フロイトとアインシュタインの往復書簡『ひとはなぜ戦争をするのか』。今、この文庫本が大売れ。ヒトのあらゆる行動は、すべて「金儲け」へと収斂する。

他人に対して、正しく賢明な助言はできる。しかし、
自分が正しく賢明にふるまうことは、大変むつかしい。(アインシュタイン)

おそろしい「弟切草」という名が付く学名ヒペリカム。鮮やかな黄金色が初夏の花壇を埋める。しかし、よく見ると花姿はさまざま。短い雌しべが中央に固まるキンシバイ、長い雄しべが放射状に突きたつセイヨウキンシバイ、長い雄しべが湾曲して広がるビヨウヤナギ、花弁が巴状にねじれるトモエソウ。多数の雄しべたちは5つの群体に固まるよう、5本になるの? 誰も答えない。これも進化?

ヒペリカムは毒があるから薬草である。毒草としてヒガンバナはよく知られるが、他にもアイリスやフクジュソウ、スイトピーやスズラン、ポインセチアやクリスマスローズ、カロライナジャスミンとなると葉っぱ3枚であの世へ。生死はほんの紙一重。さて彼らに聞こう。ヒトという生物の毒性はどんなものでしょう?

【植物観察】涼しさ求めて、大阪靖国神社へ

7月――

ピンピンコロリは、本人以上に家族の覚悟

「ピンピンコロリであの世へ行きたい」。元気なヒトが100%口にするが、日本人の9割ほどが病院で死ぬ――しかも延命の管につながれて。日頃、家族の愛情に囲まれて親族との付き合いが密なほど、こうなる傾向は強い。ピンピンコロリを貫くには、本人以上に家族の覚悟が必要なのだ。

私たちは植物そして生物を観察し勉強している。しかし、殺し合う人間という生物の生態について、解決するどころか、説明することさえもできない。「万物の霊長」と最高の地位を誇りながら、この有様だ。何とも興味深いのは、その最高の頭脳能力を発揮する分野が、「医学」と「軍事力」だ。感染症対策に莫大な資金を使いながら、一方で殺し合いの軍事予算にそれ以上を費やす。カラスやアリから見れば、ヒトとは何と奇妙な生き物だろう。平和・正義・幸福と観念だけは立派で、やっていることは愚劣。80億を超えてなお続く異常繁殖を抑制するための法則かも――。

私は、先のことなど考えたことがありません。
だって、すぐに来てしまうのですから。（アインシュタイン）

午前4時になると。「ポン」と音を立てて（ほんとかな）開くハスの花。昼過ぎに閉じて翌朝また開き、4日目にはしぼんで散っていく。ハスは生育するために、1日8時間以上の日照を必要とする。花はその葉よりもなお高く、咲き誇る――芳香を撒き散らしながら。

土中のレンコンの茎は真ん中に1つ穴、ぐるりに9つ穴。穴は茎の中を通り、葉を貫いて大気へとつながり。取り込んだ酸素が水底の土に埋まったレンコンを成長させていく。蓮根《レンコン》は根っこでなく茎。「汚い泥から、清らかな花が咲く」――浅はかな人間の花言葉である。ハスの葉は微細構造によるロータス効果で、水は丸まり落ちていつも清潔だ。自然の心遣いが光合成の条件を最適に保っている。ちなみにハスは来年には中国を抜いて世界一の人口を持つインドの国花。ハスに自覚はありませんが。

【植物観察】山ノ池の最終のハスが、あなたを極楽へ誘う

8月――
草花とともに生きた私のチャペック

「ロボット」という言葉を発明したカレル・チャペック。誰にも負けぬ花好きで、植物と戯れた『園芸家12カ月』を本にしている。彼は「9月は二度目の花の月だ」と言う。アキノキリンソウ、アスター、シマカンギク、そして重いダリア。小さな可愛いユキノシタ、ハタザオ、アリッサムたちが、地上を彩るときである。

道に落ちた馬糞を見ては、神の贈り物と喜び、植物をいじることをサイエンスと考え芸術と思うのだ。「11月に自然は休養するとみなが言う。とんでもない、厳しい冬に備えて土の下で突貫しているのだ」と。彼は決して花だけを愛したのではない。花を育てる土を愛し、土を作る自然を愛したのだ。人民新聞に寄稿し社会批判に打ち込む中で、演劇から童話まで多才を発揮し、数多くの著作を残したチャペック。僅か48

年でこの世を駆け抜けた。

自分の目でものを見、
自分の心で感じる人間が
いかに少ないことか。（アインシュタイン）

便利な世の中とは「監視と誘導の社会」

朝起きると、まずスマホに手が伸びる。私信の溜まり場であり、個人的な電話やメールを確認しなくては。しかし、そこは情報が満載だ。あなたの関心への知識や商品が展示される。利用しない手はない。私たちは、デジタル化されたシステムの中で働く、買い物する、リクリエーションを楽しみ、家庭を営む。スマホやパソコンでアクセスしたあなたの情報が、「ビッグデータ」として売買され、企業活動の材料となり、行政の政策資料となる。肝心なことは、あなたは利用する側ではない、利用される側だ。金儲けに活用されるコマであり、監視されるコマでしかない。スマホの位置情報や、交通機関の乗車歴や、買い物歴は常に自分の姿を社会にさらしている。あまつさえ、人々は自分や知人の行動を写真に撮りオンラインにさらす。裸にされた市民に抵抗するすべはない。香港崩壊は1つの典型だろう。それでも、人は生きる……。

【植物観察】野鳥サンクチュアリの深北公園で

9月——

いい匂いも悪い匂いも、誰かの生存戦略

9月11日、はるか河内湾を振り返る大東の深野池へ。氾濫とぬかるみの里は、一面の蓮に覆われていたと。今は公園内のレンコン畑に、その面影が残っている。

氾濫時のための広大な遊水公園には、細かい葉のアキニレの大木が目立つ。最近の遺伝子分類でニレの仲間からエノキやムクノキが外れ、ケヤキやハルニレと淋しい世

帯。みんな春に咲く中で、秋咲きが名前となった「アキニレ」である。花芽と冬芽が群がっている。モクレンやカシの仲間が林立する気持ちのいい森だった。
ここにいたる道で出会ったボタンクサギの匂いは、やみ雲にブッシュを漕いだ山登りの懐かしさだ。ヘクソカズラと並んで「匂う悪魔」と言われる名高いクサギ。感覚機能がまったく違う虫や鳥がどう感じるかは「分からぬ」とされるが、忌避するためなのか、誘引するためなのか。ヒトによっても、匂い方はみな違うのだ。

国家は現代における偶像です。
その催眠術を逃れる人はほとんどいません。（アインシュタイン）

カール・セーガンを想うウクライナ

「絶滅は原則であり、生存は例外である」かの偉大な科学者カール・セーガンの言葉は、生命の本質をついている。ヒトの性交による射精、5億の精子が放出され、うちの1個が受精に向かい、残りすべてが死滅する。これこそが生命の姿であり、ダーヴィンの唱えた進化論の中心的な命題だ。それだけではなく、数々の素晴らしいカールの業績の中には、「核の冬」という現代への痛切な警鐘がある。どこの国の誰がという話でなく、ヒトという動物は、地球上のすべてを幾度も破壊する「核爆発」という技術を手に入れてしまっている。ウクライナでいつ現実化するか、ネットやスポーツにうつつを抜かすそばで、危機と極楽はいよいよ近づいている。

9月11日夜、東の中天に輝く大きな「月」、すぐそばに小さな点の「木星」が並ぶ。木星は地球の300倍の大きさで、月は地球の80分の1の小ささ。こうして作られるヒトの感覚とは、真実とは程遠い錯覚であり妄想にすぎないのかも——。

【植物観察】府民の森・扇町公園とは、どんなところ?

10月――

恐竜と同じ絶滅の道を、ヒトは辿る？

花咲く植物はすべて毒である。公園を取り巻く花壇は、そのオトギリソウ（弟切草）だらけだった。植えられたものか、逸出したものか。街でも山でも繁茂するこの草は、なかなかのつわものだ。秘薬であったのを弟が暴露して、兄に斬り殺されたという伝説が、この名前の謂れだったと。そのとき飛び散った血潮が、今でも葉裏に腺点となって残っている。花姿は、たくさんの雄しべが雌しべを取り巻き印象的なもの。その雄しべが5つに群がる様子、いつか雄しべ5本に収斂するのかも。

昔、風媒花の裸子植物の森に、少数の美花と甘い果実をつける被子植物が出現した。繁殖の効率は、毒をもってコントロールされた。美しさと美味に魅入られて貪食した恐竜は、やがて大量の毒を取り込み、絶滅へと向かったという説がある。2億年以上前から地球の王者として活躍した恐竜。紀元前6500万年頃、被子植物の繁栄とともに消えていったのだ（これは内緒の話です）。

ヒトは自分だけの小さな世界を作ります。変化し続ける自然と比べ、悲しく無意味なのに、自分を大きく大切と感じるのです。
自分で掘った穴に潜むもぐらのように。（アインシュタイン）

ムシがいなくなった「沈黙の地球」

ハエをあまり見なくなった。最新刊ベストセラー本の紹介で、養老孟司が『サイレント・アース』を取り上げている。全生物の60％が昆虫である地球は「沈黙の春」に閉ざされている。人間は農業で工業で漁業で、強力な化学薬品を使い、省エネ政策で大量にばら撒いている。多くは川から海へと流れ落ちる。小さな生き物から、その生殖が犯されていく。

「コロナにかからなかった――ワクチンのおかげだな。コロナにかかった――ワクチンのおかげで重症化しなかったんだ。重症化した――基礎疾患があったのよ。死んだ――合併症だね」。ワクチンは常に「善」で、その被害が語られることはない。政府の権力を通して売りさばくビッグファーマー製薬会社に、責任が向かうことはない。疑問と批判、議論さえ起きない。「世間の目」という漠然な監視に、気を配る日本人。今、マスクの着用率が最も高いことを誇るべき国民によって、大儲けが保証されてきた。

【植物観察】「里の秋」とはどんなところ？ 笹部を散策

11月――最新望遠鏡が明かす宇宙の始まり、終わり？

サピエンスが誕生してから200万年を経て、変わりゆく人間界。本当に賢いのは誰なのか。スポーツやゲームで、常に勝敗にこだわって生きるヒト。世界のどこかで殺戮を繰り返さずには生きられない霊長類。それを指導し、けしかける立派なサピエンスと、つき従う従順なヒトと――だから逆に、平和とか友好とか愛情とかを大声で叫ぶ賢者が目立つ。

解決されない悲惨な現実が、善人ぶる指導者や専門家の存在を保証することになっているのだろう。日々の暮らしに悲しみ喜ぶ一般の市民の感覚とかけ離れ、宇宙や自然などの進化についての知見は、急速に進む。NHKなどマスコミで発信される新しい知見に、いわゆる常識などは吹っ飛んでしまう。最新の「宇宙望遠鏡ジェームズ・ウエッブ」は、136億年先を見ることができるという。彼方の宇宙世界を可視化すると、宇宙の始まりは138億年前とされるから、宇宙誕生の直後までが分かることになる。そして次に生まれた疑問は、「宇宙の終わり」だ。いつ、どのように終わるのか。

すべての人は、目に見えない笛吹きの曲に
合わせて踊っている。(アインシュタイン)

大は小の集まり、すべて小さいものが基本です

最新技術は、いずれ宇宙の終わり示唆してくれるだろうか。「分かる」ということは、「分からない」ことを増やす作業。私たちが観察する植物は、地球上生物の80％以上を占め、彼らの光合成のおかげですべての生物は生きている。神や仏、ましてや立派な指導者や管理者のおかげではない。動物の占有率は０・５％、人間はと言えば０・０１％にすぎない。植物などを見るルーペは5～10倍率、学校などで使う光学顕微鏡は優れたもので１５００倍、人体に37兆もある小さな細胞を見られる。ちなみに一番大きな細胞は卵子で０・２ミリほど。優れた裸眼は見えるだろう。現在よく話題になる遺伝子やＤＮＡが見えるのは電子顕微鏡で、倍率は１００万倍ほど。この微小と超遠を見る装置が、人間の精神世界を変えている。

【植物観察】懐かしい「初冬の山里」を味わう

12月――
笹部で見たインディアン酋長

昼食の境内に、一杯散乱する小さな球果。見上げると、そんなに巨大でないセコイア・オスギが枝を広げている。枝には製作中のものが、たくさんぶら下がっている。ブナ科でないからドングリとは言えぬ。松ぼっくりに似ているが、マツ科でないから松ぼっくりでもない。プロはいったい何と呼ぶのだろう。社寺や公園に植えられて、勢力を広げているセコイア。原産地はアメリカ・インディアンの住むカリフォルニアあたり。緯度で言えば、ここともちょうど同じような所。

春がどんどん近づく。サザンカがまだ咲くのに、地面はホトケノザで一杯だ。ハキダメギクに似たコゴメギクは、夏から1か月ほどで発芽して開花し結実。それを4回ほど繰り返して、大量の子孫を産み育てる。土があるからこその人生だ。地球生物の80％以上を占める植物。誰がその土地を奪うのか。

我々はいろんなことをします。
けれどもなぜ、そうするのかを
誰も知りません。（アインシュタイン）

専門家にしか、分からぬウイルスですか？

80億というヒトが地球を覆っている。嬉しく誇らしいことだろうか。1匹では方向も分からず、天気も分からず、食物さえ確保できない動物が、世界の頂点に立っていると勘違いして——繁殖しすぎた生物とは、厄介なものである。

ただの1種であるホモサピエンスに比べ、100万種を超える昆虫たち。ヒトとは逆に、「小さく進化」していると言われる。視力に頼るヒトは、巨大なものに憧れ敬うという間違いを繰り返す。微少なものは見にくく理解できない。

そして、ウイルスの存在が分かったのは19世紀のこと。観察ルーペなどでは知ることはできず、最新の電子顕微鏡なる専門機能を使って初めて知ることができる。それは普通のヒトには使えない。私たち一般の者に、その存在は確認できない。すると、このときから「専門家」と称する特別な生物が判断することとなる。

【植物観察】最高地の鵜越大仏へ初詣、何を願う

2023年1月――

台切りされたキリ、太く大きくと

1月の観察会、帰路のトイレ脇に、たわわに果実をつけたキリが1本。つぼみは見当たらず、まだなのかな。軽くて素直な桐材として、家具から楽器まで、人間に重宝されるキリ。非常に成長が早く、女児が生まれるとキリを植えて嫁入りタンスに備える習慣は、昔話となったたか。キリ下駄と言えば最高級品だが、先日、履き古しの下駄を履いた。しかし騒音激しく、下駄とは土の上を歩くものだと分かった。現代社会はマスクして、コンクリートの上を歩く時代だ。

よく似たアオギリは、中国では鳳凰が宿る尊い木。日本で街路樹にされ、よく見かけるアオギリだが、中国原産として自然木もすらりと美しい。花は雌雄異花で花弁はなく、果実は1～5ずつ舟のような心皮の縁につき、風に乗って拡がっていく。

キリはシソ目のキリ科キリ属となり、アオギリはアオイ目アオイ科の1属となった。

最近の遺伝子分類では、分類されたあとから理由を考えることに。どちらも大きな掌状葉で、キリは対生でアオギリは互生だが。

人は、現実に直面したとき、「知性がいかに不十分であるか」をはっきり自覚するだけの知性は持っているものです。（アインシュタイン）

鳥類研究者「カラスは理解不能です」

若い頃は、子どもたちの叫び声で朝が始まったもの。今は廃棄物を探るカラスの鳴き声で夜が明ける。世界中から集めた大量の御馳走を排出する都会。人間以上に廃棄される時と内容を心得て、彼らは待ち構えている。役場や町内会は「街を清潔に、カラスにエサをやるな」と言う一方で、飢餓に苦しむ人々がありながら、お役所は余った食糧を焼却処分している。私たちは、身近なカラスという動物をどれほど理解しているだろうか。専門の鳥類の研究者でも、鳴き交わす声をほとんど理解できないと。

最近の政府の出生動向調査では、「一生結婚するつもりはない」との若者の割合が過去最多。劣悪な環境に置かれ、労働運動を最も必要とする非正規の労働者が約半数にも達する日本の職場。そこには組合の影も形もない。人生への答えは「結婚しない。出産しない」。世界にも珍しい「死刑容認8割の国民」の現実である。

【植物観察】早春の西河原公園で多くの芽吹きが（22番札所の総持寺にも）

2月——根のないコケ植物の、自由さよ

舗装された道路の脇、へばりつくように生きるギンゴケ。水分や養分を取り込む根もなく、体内をめぐる維管束もない。外界に水あればそこに浸り、なければ生きたまま干からびる、外界の変化に合わせて存在する。コケは自然をいじり破壊することをしない。破壊を文化と言い、進歩と称え、コケと真逆の生き方をする霊長類というヒト。

たわわに翼果をつけているのは、公園のアキニレ。風よ、吹け。遠くへ飛ばせ。なるべく親から離れ、新しい自由の天地へ。戸籍も国境も関係ない。まあ、ヒトというのは不自由な生き方をする動物だ。アオキやモチノキの赤い実、ヘクソカズラのピンクっぽい実、青黒いモクセイやネズミモチの実。ヒヨドリやメジロたちは紫外線まで使って食べ頃を知る。ヒトが分からぬうちに、きれいさっぱり食べ尽くす。ものにはもともと色がない。光の反射と吸収でそれぞれの生き物は見ている。

過去・現在・未来の区別は、
どんなに言い張っても、単なる幻想にすぎません。（アインシュタイン）

半導体がつくる、まぼろしの世界

「半導体は産業のコメ」と言われて時が経った。今でも、この言葉は生きているのだろうか。開発の基本となる半導体。今では生活のあらゆるものに使われているが、私たちはそれを知ることはない。熾烈な開発競争の果てに、現在到達している基準のサイズは2ナノと言われる。2ナノと言えば、ミリの1000分の1のマイクロ、そのまた1000分の2。政治家や医者が騒ぎ立てるコロナウイルスは100ナノほど。半導体が作る世界は、肉眼で見えるものとはまったく別。開発のトップを走るのはインド。日本ははるかに遅れていると嘆くNHK。私たちは、見えもしない、分かりもしない技術に乗り、毎日を暮らしている。はるかなる摩天楼、すべてが理解不能の虚構の世の中で、スマホとともに日々を楽しく愉快に過ごしている。

【植物観察】三光神社から真田山の霊魂にも春らんまんが訪れて

3月——
性はさまざま、進化の中で変わるもの

LGBT「Q」と言われるヒトの性。今では同性愛が日本でも認知されるようになったとか。しかし日常の世間ではどうだろう? マスクでさえも右見て左見て、様子を見ながら、日本人は世界最高の着用水準を維持している。

植物ではいかにも「性」が融通無碍《ゆうずうむげ》である。ベゴニアは同じ株に異形の雌花と雄花とがつく。ツユクサは雄花と両性花がセットされ、キク科では雌花と両性花がつく。モチノキは雄花ばかりの雄株と雌花ばかりの雌株が。サクラの一花には雌しべと雄しべ、ウリは同株に同じような雄花と雌花が。テンナンショウは性転換が得意。

先日、車椅子の科学者スティーヴン・ホーキングが亡くなった。「人間世界には未来があると信じる」と言って。しかし私たちは核戦争の直前に生きている。みずからの呼吸器に覆いをして、多くの生物を家畜としてもてあそぶ光景は、やがてその終焉を見せ始めたのかも。

(精神分析を勧める医者への返事)

ご要望には応えられません。私はまだ、分析されないままの暗闇の中にいることを望むからです。(アインシュタイン)

ホーキング博士は、ヒトに未来を見たか

何か大きな勘違いをして、私たちヒトは生きているのかも。地球上に生きる生物は200万種ほど。そのうち植物は80％を占める。動物が0・5％のうち、ヒトは0・01％。

ちなみに植物に次いで多いのは、バクテリアだ。だいたい、このような調査自体があまり行われない。お役所仕事の国連などは「自然保護」などの掛け声だけはかしましいが――。ニワトリなど家禽は、全野鳥の2倍になるという。「家畜」というヒトに管理されている哺乳類は、野生哺乳類の20倍に達すると。こんな調査を続けているのはイスラエルにあるワイツマン科学研究所のロン・ミロなど数少ない良心的な研究グループだけ。名門大学や有名研究機関へ、「地球上で最も多いのは動物か植物か細菌か」、「生物が多いのは陸上か海洋か」の質問に対して、ほとんどが不正解だったという。

【植物観察】妙法寺川公園で春を探す、消えゆく春を

4月――
サクラ見物はヒトのエゴ、花をいたぶる

サクラの季節がめぐって来た。ソメイヨシノの受難のときだ。自然のサクラが点在するさまを見るように、サクラは1人が好きだ。この時期、広く山を眺めると、ヤマザクラやオオシマザクラがあちこちと独り暮らしを楽しんで、咲いているのが分かる。わざわざ樹下を訪ねると、納得する。サクラは懸命に忌避物質まで作って、1人の領域を守ろうとしているかのようだ。下草の成長は妨げられ、周辺の草たちは辛い目にあっている。「サクラ並木」とは、ヒトのエゴが作り上げた悲劇だ。

新しいサクラ園芸種が次から次と作られ、市場に出されている。ヒトは、変化を求め美麗を求め、要は栄華を求めてうごめく。それを象徴するかのように、不吉な「(死)シネラリア」が、サイネリアやセネキオという名で出回っている。今、町中の

路傍に咲き出したノボロギクは彼らの先輩だ。山の夏の草原に咲く、背高のキオンと呼ばれる仲間もいる。ノボロギクは姿をいじられて悲しんでいるだろうか、遺伝子の拡散を喜んでいるだろうか。

人間は、宇宙の一部にすぎないのに
　他とは分離されて生きていると、錯覚する。
　　この錯覚の牢獄は、個人的な欲望や
　　　近い人々への愛情にあなたを縛り付ける。（アインシュタイン）

太古のアンボレラより道端のヌカボがいい

花の進化をＮＨＫが放映した。今、見るような華麗な花をつけるようになった植物たち。マツなどの裸子から被子植物になって、花弁を持った華麗な花が生まれた。風水に頼った雌雄交配を、昆虫などの動物に任せることに。代わりに花粉や蜜を提供することにした。この相互作用が、爆発的な植物の繁栄をもたらしたと。被子への進化の作業は、裸子植物の段階で準備されてきたとされる。花びらを持つ太古の花の映像は、地球における植物の存在を称える。しかし、ここから——。

今、春を彩る主役の1つは、キク科である。ノゲシからヒメジョオンと、その繁茂ぶりはすごいもの。キク科は遺伝子の引き継ぎ散布を、動物から取り戻し、風に乗ってはるかな土地へと旅立つ。このシステムを取り込んだもう1つが、イネ科。虫などに頼らず花も簡略化して、ヒトが自然を崩壊させた都会で、大繁殖している。

【植物観察】八木遺跡公園でマンモスや明石原人を探して、昔話を聞く

5月——

なぜ厳しさに生きるのか、海浜植物

激しい風、動く砂地、塩分まみれの大気、厳しい自然環境に耐えて生きている海浜

植物。なぜここで芽生え、花咲かせ、種子を作るのか。

私たち動物にはない細胞壁を持っている植物は、取り込んだ塩分を、汗などで排出できない。彼らは体表に強固な壁を持って、葉から蒸散させることで全身に水分を配る。細胞膜しか持たない動物とは、生き方が違う。長くくねくねと茎を伸ばし、砂地にへばりつきながら、命を紡ぐ彼ら。多年草のヒルガオは花を咲かす。

海浜植物と言えばクロマツが欠かせない。著名な松原は数多いが、私たちの近場、舞子あたりにも広大な松原がある。厳しい潮風に強いと言われるが、彼らはどうして海岸にいるのだろうか。防風や防潮のためヒトが植えたものか。台風などでは根こそぎ倒される。植えた者を恨んでいるに違いない。ところが権威ある植物図鑑を見ると、「クロマツは海岸に自生し、日本特産」とある——はて、大海原に続く地球の大地。貧しい私たちに、これほどの希望と安らぎを与える風景が、あるだろうか。

蝶はもぐらではありません。でも、
そのことを残念がる蝶はどこにもいません。（アインシュタイン）

AI武器に脅かされて人類はどこへ

これだけ戦争しながら、なお80億人と言われるヒトの増殖が進む。15億人とされる中国の人口を、今年4月にインドが凌駕するという。そこにアフリカが、アラブが、南米が続く。それでも全生物に占めるヒトの割合は0・02%とか。

毎日、核戦争の脅威を振り撒きながら、ウクライナのニュースが流れて。フランスの歴史学者エマニュエル・トッドは、「第三次世界大戦はすでに始まっている」と言う。国連は「核廃絶」を唱えるが、何と虚しく響くことだろう。

刻々と流されるニュースは人情話にあふれているが、今はAI戦争。それに核戦争の影も。より優れたAI武器が勝利を収める？ ヒトが生き残っていれば——。人口的にも科学的にも主導権を握りつつある「グローバル・サウス」。はたして地球人類の運命を握るのは彼らだろうか。

【植物観察】八木遺跡公園で、マンモスや明石原人に昔話を聞く

6月——海水で農耕できれば、未来はバラ色

この春、海浜植物の生態に親しむチャンスが失われた。厳しい環境に生きる知恵が、彼らには凝縮されている。その生きざまから学ぶことがあるはず。増殖する人間の欲求は果てがなく、どんどん生殖場所を拡げ、カランコエの花まで八重にしてきた。

地球上の7割は海。これまでに収奪を繰り返した土地は、痩せて砂漠となっている。繁栄を謳歌した古代都市は、砂に埋もれている。人間は森を切り払い、水辺を埋め立てて都市を作り、昼夜輝く豊かな生活を築く。一部のものは栄華にふけり、真水を枯渇させ、砂漠を残して移り住んでいく。あとには生きるすべのない不毛の大地が拡がっていく。そこで賢いホモサピエンスは考える。「海水も水だ。これを生活用水に、農業用水に使えれば——。人類にとって永遠に繁栄する未来が、保証されるのでは」と。残された砂浜に出かけ、見つめる。コウボウムギやコウボウシバを。ハマヒルガオやハマゴウなどハマと名が付く植物たちを。

いかなる問題も、それを作り出した
　同じ意識によって解決することはできません。（アインシュタイン）

チャットGPTで脳は不要ですが

パソコンやスマホを見て、すぐに答えが見つかる世の中になった。記憶したり勉強したりしなくても、何の不自由もない。ほんの少し指先を動かすだけで、むつかしい課題を解くことができる。人工知能もどんどん進歩する。２０２２年に公開された「チャットGPT」では、どのような学習課題にも、その人らしい回答を引き出すことができると。もちろん音楽や小説や詩などの創作活動も、その利用者に最適化したものを回答できるとされる。学校で長い時間をかけて勉強するという労苦は必要なくなった。教師や先生もいらないと。今や大論争になっている。

話題は進み直近では、GPTより「BMI」が目立つようになった。体重の話ではない。脳（ブレイン）と兵器（マシン）がつながること。脳が思うだけで、無人機が飛びミサイルが発射される。戦争漫画が現実となるのだ。ウクライナでは登場するのだろうか。

【植物観察】どんな植物が生きているかな、大井戸公園

7月——
離れて遠く種子散布、親子愛って何？

朝の舗道に散乱するアオギリの花。アオギリと言えば、花弁なく雌雄混在する花序。しかし散っているのはオスの花ばかり。振り仰ぐ頭上には、メスが次世代の種子を抱えている。5片に分かれて育つ苞子葉《ほうしよう》＝心皮はやがて裂開し、裂片の縁につく種子が風に吹かれて散り散りに飛んでいく。離れて離れて、遠くへ遠くへ。

アオギリと言えば、この木に棲む主を思い出さずにはおれない、鳳凰だ。そして南

アルプス鳳凰三山を――。名前に憧れ、はるばる訪れた緑豊かな山脈。鳳がオスで凰がメスだと、「竹実を食い、霊泉を飲む」と教えられた。

この国ではキリの方がアオギリよりも上位にあるが、あの国ではその品位において逆だという。いずれにしてもホモサピエンスとして「自然に生きる」のは難しい。

シダレヤナギも公園などに植栽されていて、よく出会う樹木だ。井戸のたもとに立っていてあの世につながる存在だったが、「病院死」の繁栄とともに、遠くなりにけり。

これは雄花なのか、雌花なのか。いや、ヤナギは雌雄別の株なのかな。それにしても、シダレヤナギはしだれても、地面に着かないのが不思議！

大切な諺を思い出してください（成り立たない質問「宇宙の外側は何が」）。

「人はみな自分の靴のサイズで物事を計ります」。（アインシュタイン）

クラゲは眠る、脳がないのになぜ眠る?

ＮＨＫの科学番組が「眠気」について「分からない」と解説していた。そもそも「眠る」という機能は、脳と関連付けて解釈され、夢見るレムと熟睡のノンレムに分けて説明され——。脊椎動物をはじめ、昆虫からタコ、イカ、魚まで脳あるものはすべて眠ると考えられてきたが、最近、脳がないクラゲの研究で、クラゲも眠ることが発見されたのである。

長年、睡眠について研究する筑波大学の柳沢正史教授は言う。「すべてが間違っていました。眠ることについて、私たちはまったく分かっていなかったのです。熟睡とされるノンレムも浅い睡眠とされるレムも、脳の活動量は同じだということも分かりました」と。日本人は睡眠が不得手で、「眠り」をもっと知らなければ——。「徹夜」を褒めるなんてとんでもないことである。「永遠の眠り」なんて軽薄な言葉だが、日々繰り返す「眠り」こそ、不思議で大切なのだ。

【植物観察】遺骨を埋めた地に生える植物とは、大井戸遺跡公園

8月――
自然を大切に、で蚊や台風をどうする？

大井戸の夏、足元で緑の大きな葉がそよぐ。3つや5つに裂けているからクワか。柔らかくて、触ると醜悪な匂いを放つクサギ、しかしその小さな花群は甘美な香りを発散している。日陰で精一杯拡がるイノコヅチは、暑い日差しではどうする？多くの人に嫌われる雑草たちに声援を送りたい。

美しいとされ花壇に植え込まれる珍奇な花たち。人工的にいじられ遺伝子操作された目新しい品種。次々と売り出す園芸企業に、「美しさとは何か、生命とは何か」を問いたい。

ペチュニアやサフィニアそしてカリブラコアと、次から次と作り出される新種たち。けれどもエノコログサは負けない。ニシキソウも負けてはいない。コニシキとかオオ

ニシキと仲間を募って園芸種に立ち向かう。イネ科を先頭に、雑草と言われる野草は生き続ける。「自然を大切に」とはよく使われる常とう句だが、自然とは何だろうか。

人は、住まいである惑星よりも早く
冷たくなりつつあります。（アインシュタイン）

ただ今無人機が飛び交うＡＩ戦争中だ

ようやく「蚊」の季節が過ぎようとしている。完璧に「自然」を排除して、快適な人工空間で暮らすヒトには、関わりのない世界かもしれない。地球最多の住人は依然として、昆虫たちである。中でも蚊の存在は圧倒的。たかだか２００万年ほどの歴史のサピエンスと、１億年以上もこの地球に住む蚊とを比べるのはおこがましいけれど、幼虫としてのボウフラ時代から成虫まで、ヒト殺しの仕事では最高の殺戮者だ。マラリア、デング熱、日本脳炎などを媒介して人類繁茂を阻害する。

ヒトを殺害することでは「蚊」に劣りはするけれど、「ヒト自身」を挙げないわけにはいかない。人間の歴史は戦争の歴史と言える。疑似戦争と言われるスポーツもますます盛んである。現実に「AIの急速な進化による第三次軍事革命が進行中」と、最近の毎日新聞社説は言う。キューブラー・ロス女史は「死とは最後の成長段階だ」と説明した。彼女が説いてくれた平穏な人生の終末は、無効だろうか。平和は存在しないからこそ、貴重なのかもしれない。大塩平八郎に訊きましょう。

【植物観察】うつぼ公園・大塩平八郎終焉の地で、猛暑の秋?

9月――
ノゲシは虫と闘う、人間はヒトと闘う

物悲しい秋どころか、熱気が湧き立つ9月。けれども「アキノノゲシ」が高々と花を咋かせるうつぼ公園だった。千切るとあふれるチシャの乳液がムシを駆除すると、

解明した女子高生が国際的に評価されたことが、最近、報道された。

植物学者である牧野富太郎の人生をモデルにしたドラマ『らんまん』の愛好者はみんな、植物が好きで詳しい人に違いない。ところで花とは美しいものだろうか。誰もが好きになるものだろうか。ムシたちは、色や形に惹かれて来るのでは。いや、食糧やただその匂いに惹かれてやって来るのだろうか。花の大切なパートナーは、ヒトなどではなく、ハエやアブやハチなどのヒトが嫌がる連中に違いない。すると花とヒトの関係とは？

懐かしい秋の花が目につく頃だ。フシグロセンノウは花の下の茎を黒くして、サラシナショウマは日陰の斜面に純白の穂を突き立て、ダイモンジソウは湿った岩場で群がる。ツルリンドウは枯葉の林床でカクレンボに忙しいのかな。

驚異と言うべきは、
この地球上の、私たちが生きる環境です。（アインシュタイン）

スマホが保証してくれる最高の幸福

世界がすっかり変わっていくような気がしませんか。シェイクスピアやドストエフスキーの文学。徒然草を学び、あれほど「無常と移ろい」を叩き込まれた身でありながら、世の中の変わりように、ただただ呆然とするだけ。「あのヒトが亡くなった」とか「こんな暑さは生まれて初めて」とか。現況が永遠に続くことが当然のように思っても実は、すべて変わることが当たり前と、根性を入れ替えなければ。

今日の国際社会では、すべての情報が分断され　欧米に代わって最近よく登場するのはBRICS（ブラジル・ロシア・インド・中国・南アフリカ）。これらの国力や勢力を、人口を中心に考えるなら、不思議でもないことだが。アメリカ中心に回ってきたこの国でも、インド映画『パッドマン』は大ヒットしている。

「民主主義の次に、人間社会はどうなるの」という問いには、GPTなどの人工知能の技術が常に最善の答えを示してくれる。そしてスマホが最高の幸福を便利とともにもたらしてくれるのだ。支払う金額にふさわしく。

10月――植物は美ではなく、食糧と薬だった

花は美しいのだろうか。それは花によりけりだろう。ラフレシアの花は、どう見ても美しいとは思えない。「美しさ」に一般的基準なんてないのかも。食べ物が乏しく、死に追われる生活で、美しさを感じるかな――人間以外に問いたいが。昔の人々は植物に美しさを感じないと言った、それは生活と生存そのものだったと。

この季節はネコジャラシがややこしい。アキノエノコロ、キンエノコロ、エノコログサとその上、図鑑によればムラサキエノコロやハマエノコロと区別されもする。とにかくヒトというのは差別が好きだ。それが「分類学」だろう。差別すると結局は、誰かにいじめられるのに。最近はネコが多いけど、ネコジャラシでネコが遊んでもらうことは、あまりない。眼はスマホに向けられ、薄汚い野草はあまり見向きもされず。

自然を深く観察せよ（見る、触れる、嗅ぐ、舐める、食べる？）。
　そうすれば、あらゆることが、より深く
　　理解できるに違いない（アインシュタイン）

ウクライナの森とガザ、生きているか

深い森の中は知らず、ヒトの住む町や郊外はイネ科の世界である。花粉や果実にとっての媒介者は風や水など。生き物を必要としない。昔の裸子植物の時代に戻ったようだ。イネ科の平行脈の葉っぱは、裏表を逆にすることがしばしば。だいたい単子葉の立ち上がる葉っぱは、表と裏が分かりにくいものだ。しかも「表裏」というのは、ヒトという動物が勝手に名付けて決めたもの。呼吸する側と光合成する側とで区別するが、彼らにとっては、どちらでもいいわけで――。裸子植物から被子植物への進化と教えられたが、「進化」とは劣化消滅を含んだ変化ということ。

こうしてイネ科の話が湧くと、不満を表すのがカヤツリグサ科の連中。同じ単子葉の大所帯なのにと。昔衣類や住居として大活躍の彼らにも敬意を払わねば。暑さが続いたこの夏。体温が外気温に応じて変わる変温動物がうらやましくて。涼しい樹上でぐうたら過ごすナマケモノに生まれたらよかったのにと。いや、彼らは哺乳類だから恒温動物だよと、誰かが言った。

【植物観察】大阪港

11月——ヒトの生き方をＡＩに尋ねる

朝鮮戦争が１９５０年から始まり3年間。朝鮮半島を舞台に、北と南が激しく戦った。アメリカ対中国の戦争だったが、その結果、１つの朝鮮が2つに割られた。同じようなことが日本でも起こるところだった。今、北朝鮮は核開発で祖国を守ろうと懸命だ。核こそが国際関係の切り札なのだ。ウクライナ戦争では、世界最大の核保有国ロシアが、いつ核を使うのかが取り沙汰される。

半世紀を超える牢獄ガザでも殺戮が続く。ヒトを超えていると言われる人工知能AGIに、平和の理念を教え込み、彼らに判断と行動を任せたら、彼らは世界の生き物の平和のために、すべての人類を抹殺する選択をするかもしれない。地球上の生命にとって、それが最も妥当な選択か。

最近発表された世界の核保有は9か国で1万4500基、かつての7万基から減ったのだが。肝心の破壊力は100倍に達している。核放射能を浴びながら平気で生きる微生物もいるから、地球の終わりとか世の終わりとかではない。サイコパスの生き方が話題になるこの頃。必ず存在する彼らにも訊きたい――。

年老いて腰が曲がった者には、
死は解放としてやってきます。（アインシュタイン）

うつくしランタナは雑草か雑木か

ランタナだらけの街。今、「ランタナは雑草か」と問えば、あなたはどう答える？「七変化」という別名ゆえに、ヒトとは親近感があるはず。最近はいろんな花色が人間をしのぐ勢いではびこるランタナ。もともと、カロチノイドの黄花が花粉を得て、結実に向かい赤色に変わるのだが。いろんな花色が出てきたのは、仲間同士の競争の激しさだろうか。詳しくは学問的に分かっていない。出来た果実には、ランタニンという猛毒が含まれるそうだ。

「草のような木」にはいろいろあって、草と木を区別するヒトをあざ笑うかのよう。フッキソウなどもその典型だろう。可愛い雌花と雄花を同株につける姿を、人々は愛でて、富貴草と名付けたのだがランタナと同様、草ではない。

【植物観察】年の暮れ、生瀬皇大神宮へお参り

12月――
ＩＴ中心、若者中心はどこの国かな

地球生命のうち90％は植物で、人類と言えば０・０１％。その０・０１％が大きな顔をして地球は俺のものだとばかり、自分たちを「サピエンス」と名付けてのさばる。最近、養老孟司はしばしば嘆く。「虫がいなくなった、鳥がいなくなった」と。カラスやハトの被害に大わらわの人間が多い。人間同士が殺し合っているとき、ＡＩは大躍進している。韓国社会のＡＩ導入は早かった。近年の韓国選挙では、ＩＴがフルに活用されている。しかも選挙は若者中心で行われ、投票率は高い。今日、多くの人が利用する「ネットフリックス」は韓国のコンテンツが充実しており、韓国のＩＴ文化は、今や世界へと拡散している。韓国のニュースの舞台は小数の大企業が牛耳る新聞や放送でなく、ＳＮＳやユーチューブへと変わってしまっている。

進化したＡＩが人間に取って代わることに、嫌悪する人と是認する人がいるようだ。考えてみれば、ヒトには「賢い人」と「愚かな人」とがいて、かなり違う。ＡＩは基本的に同じレベルとなると考えるなら、一概にヒト一般と比べることがおかしいと言える。ただ「議論のないところに進歩はない」とは、ソクラテスの名言だ。

ただ、サンザカとは言いにくいのです

神宮への道は満開のサザンカがお出迎え、年末の美しい風景だった。ツバキに似た山茶花。正しく読めば「サンザカ」なのに。「しだらないをだらしないと言ってませんか」と言うのは国語辞典編集者の神永暁《さとる》さん。ヒトは「言いやすいように言う」のだとか。ツバキより少し小さな葉で光沢があるサザンカは、年の代わりとともにツバキと交代する。空き地一面に新葉を広げるシソ科のカキドオシ。垣根をくぐり乗り越えて拡がるたくましさを言うのだろう。そして目にするのはキンポウゲ科のセンニンソウ。こうしたツル性の植物は草本か木本かで悩む。この花の雄しべが多いのは一般的だが、雌しべも多いのは花の昔の姿を示しているのだろう。センニンソウと違い、同じ仲間のボタンヅルの葉には鋸歯があるのが悩みの種。違いを当然のように説明す

る専門家の心を不思議に思いませんか。

【植物観察】猪名川公園の植物たちに、新年のあいさつを

２０２４年１月——
地球を破壊しながら、自然を守る？

くり返しになるが、自然破壊の返り血をヒトも浴びている。この数年ＰＦＡＳ（ピーファス）などヒトの作り出した有機フッ素化合物が、ヒトなど生物の生存をおびやかす発がん性物質として大きな問題になっている。いわゆるテフロン（ＰＦＡＳで表面加工したフライパンなど）だ。１０、０００種種ほどもあり、熱に強く水や油を弾き、自然界ではほぼ分解されることはない。食器や衣類などに広く大量に使われている。その残存性から「永遠の化学物質」と呼ばれ、国際的にその対応に懸命だ。地下水や河川に入り込んで、飲み水として摂取する可能性もあるが日本国での対応は鈍い。

人間の真の価値は主に、
自己からの解放の度合いによって決まります。（アインシュタイン）

ジンチョウゲ、なぜそんなに匂う

2月と言えばジンチョウゲ。近づけば耐えられないほどの強い香りである。あの小さくて派手でもない花のきつい匂いは、はるか遠くから花の咲いてることを知らせてくれる。いえ、あれは花ではなく萼《がく》だとか。しかも咲いているのはメスでなくオスだと。交配のチャンスがほとんどなく、ヒトによる挿し木でしか命をつなげないのに、なぜ匂う？ しかも萼が匂う。中国原産の彼らを遠く離れた地へ売り飛ばし、しかも子孫も作れなくしたヒト。その香りは悲しい恨みの香りでは。

この時期、忘れられないのがロウバイ。名前の「梅（バイ）」に惑わされるが、これはクスノキの仲間。清楚な花はウメより昔から匂っている。「花弁は何枚ですか」と問うと、どんな答えが返るだろう。「ヒトは区別するのが好き」と、もっぱら評判。

【植物観察】神戸三宮フラワーロードに植栽された花々を眺めながら東遊園地へ

著者略歴

誕生は他者の産出によるもので、生年月日は不明。
ちなみに死亡と誕生は、本人には認識できません。
経歴はほとんどが過去の細胞によるもので、
現在の本人とは関わりがないものです。

アインシュタインに花束を

2024年10月5日　第1刷発行

著　者　　マルオ マサミ
監修協力　丸尾　拓

発行人　　大杉　剛
発行所　　株式会社 風詠社
〒553-0001　大阪市福島区海老江5-2-2 大拓ビル5-7階
TEL 06（6136）8657　https://fueisha.com/
発売元　　株式会社 星雲社（共同出版社・流通責任出版社）
〒112-0005　東京都文京区水道1-3-30
TEL 03（3868）3275
装　幀　　2DAY
印刷・製本　小野高速印刷株式会社

ISBN978-4-434-34750-4 C0095